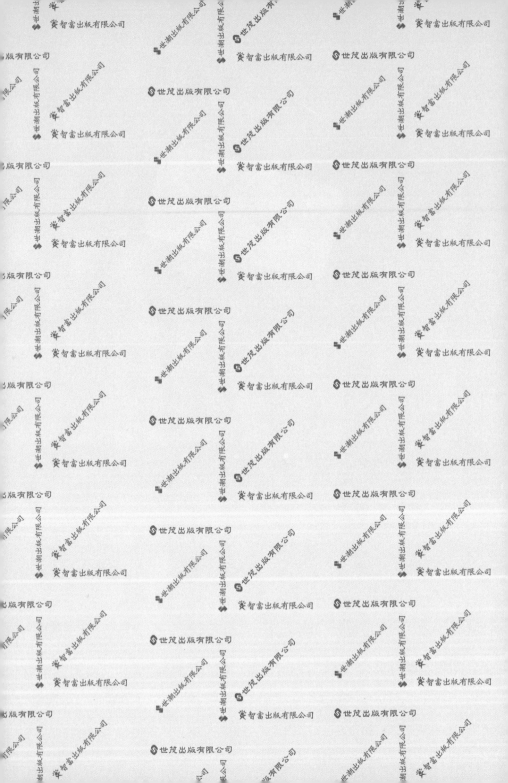

說出職場好人緣

38個老闆覺得你應該知道的說話技巧

有川真由美—著
謝佳玲—譯

仕事ができて、愛される人の話し方

前言

「唉！為什麼這次公司的報告，同事都不了解我的意思。」
「為什麼不能放心將事情交給我去辦？」
「雖然沒有惡意，卻常惹惱別人。」
「初次見面，聊不下去，無法熱絡起來。」
「坦率表達是件好事，我卻做不到。」

大家對上述的困擾是否有相同的感覺呢？
有心，對方卻感覺不到。
拼命做事，同事卻無法理解。

沒關係，這些問題都可以透過「說話術」來解決！
說話術像是我們端菜會用到的餐具。
選擇不同餐具或擺盤方式，菜色所呈現的質感就會不同。
一道菜即使用的食材再棒，裝盤的餐具選得不好，或是看起來髒兮兮的，都會讓人食慾全消。如果你將一道好菜隨便用塑膠盤盛放，沒有人會覺得質感有多高，如果菜餚是用一個乾淨合適的餐具來盛放，客人不僅會開心地讚賞：「看起來好美味喔！」品嚐時還會產生敬意。

哪怕這道菜使用的食材再普遍，你為對方漂漂亮亮地盛放餐點，就會得到慎重的對待。

餐具像說話術，與「說話方式」這盤菜有關的訣竅。

本書收錄的內容包括：與初次見面對象暢談愉快，成為傾聽高手，流暢進行報告、聯絡、討論，有效讚美或建議，順利完成演說或簡報等各種說話方式的訣竅。

你不必一開始就拼全力去做。

請從你自認為「好像做得到」的事，去嘗試。

多練習將這些方式變成自己的一部分，喜歡你的人會變得越來越多，對你的評價也絕對不同。

有川真由美

目錄

Contents

Contents

Contents

職場人氣王說話術

你的身邊是不是有些朋友或同事「很受人歡迎」、「很容易獲得對方原諒」、「很受信賴」以及「大家總是會向她靠近」呢？是不是有些人「令人想敬而遠之」、「總是惹人生氣」、「被忽略」或「孤單一個人」呢？

其實這一切都是說話方式不同所造成的。說話方式不同，不僅會影響一個人是否能得到別人喜愛，也是工作能力高低的判斷。

提升說話的技巧，會讓人認定「你有工作能力」，自然會想把工作交給你去做，自然變得很受歡迎。

事實上，用什麼方式說話，就大概能了解你是否能得到信任，或處於怎樣的狀況。

學習「說話」的技巧，無關乎學歷或能力。

任何人都有「想把事情做更好」或「希望被人喜愛」的想法，而「說話」技巧這項技能，無論你走到哪都用得上。

有這項技能，會使你在工作成果與人際關係，產生**天差地別的差異**。

如果你能學會以主動的方式開啟自己的生活，不但能朝心中「想要前進的方向前進」，得到眾人的鼓勵，還能得到各方的援助。「說話術」的技巧可因應不同的狀況，成為你的武器，讓你無時無刻、不管身在何處都獲得保護。

掌握說話術的技巧，你才能在現代職場中生存。

因為懂得說話，具有良好溝通能力，自然能「獲得社會大眾的回饋」。

接下來，我將為各位介紹38個絕對讓你說出好人緣的說話術。

「職場表現是否突出、能否受歡迎」
關鍵在你的說話方式！

1

受歡迎VS不受歡迎

好人緣法則 1 焦點要放在別人身上

你身邊是不是有這樣說話的人？
老是講自己的事、
從不主動跟人聊天、
沒人聽懂她想表達什麼、
因說話對象不同而改變語氣、
想說的話如果沒說出口就渾身不對勁……等。
對於這種人，大家多半會感到厭惡。

為什麼會有人這樣說話？
都是因為「太自我中心」。
「希望讓對方覺得自己很棒」、「希望對方能了解自己」、「不想自己先主動開口

說話」、「只想說自己想說」、「只想聽自己想聽」、「覺得自己懂，對方一定也聽得懂」將焦點放在自己身上，把自我的尊嚴擺第一，完全不理會對方的心情。

懂得將焦點集中在對方身上，站在對方角度說話，就能受人歡迎。

「對方想聽什麼呢？」

「對方想說什麼呢？」

「該怎麼做才能讓對方懂我？」

站在對方的角度去思考該說什麼、該怎麼說以及該怎麼做，就會知道自己該怎麼做。

人被說服，是因感覺而非道理。

畢竟大家都喜歡被重視的感覺。

「你到底對人講了什麼」和「你怎麼跟人說話」，說話方式的不同，會讓對方的反應出現極大的差異。

這是**非常主觀**、**單純**的見解。

進階級

受歡迎的說話技巧

1 找出對方的「優點」

❖ 不能有討厭對方的想法

人一旦有「我好討厭這個人」的想法，就不可能進一步去了解對方。請試著想「雖然我不知道如何跟她相處，但我相信是人，都會有可取之處」保持正面態度，找出對方的長處，你絕對能找出些什麼，因為人不管怎樣都會有優點。

2 站在對方的角度

❖ 懂得對方的想法

跟孩子講話時，站在孩子的角度，跟顧客講話時站在顧客的角度，跟晚輩講話時站在晚輩的角度，懂得跟對方用同一角度去看事情，會了解對方的想法，知道「他想聽的話」或「說什麼會讓他開心」。

3 模仿對方的言行舉止

✣ 知道對方重視的是什麼

如果對方是那種會立刻寫信道謝的人，你要學著在第一時間寫信跟對方道謝，如果對方是重視工作要再三確認的人，你要早她一步確認完畢，如果對方性子比較急，我們的動作要跟著快一點。模仿對方的行為，你會明白「對方重視的是什麼」就能獲得對方的信任。

小提醒「說話技巧」

沒人想聽他說話，講沒兩句話立刻將話題帶到自己身上

「我這個人就是……啦！」

讚美時會說：「不像我好沒用，她好厲害喔！」透過自我矮化來彰顯自我，或有人正在講話突然插嘴說：「對！像我是……」馬上將話題轉到自我吹噓。喜歡講自己的事，要大家將注意力都放在自己身上，會讓人覺得不耐煩，既然對方那麼想說，不妨讓對方盡情地講，講得太誇張再有技巧地打斷或轉換話題，相信對方就會有所警惕。

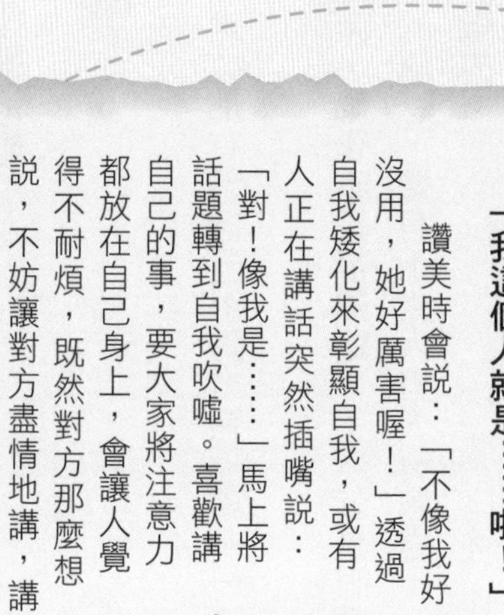

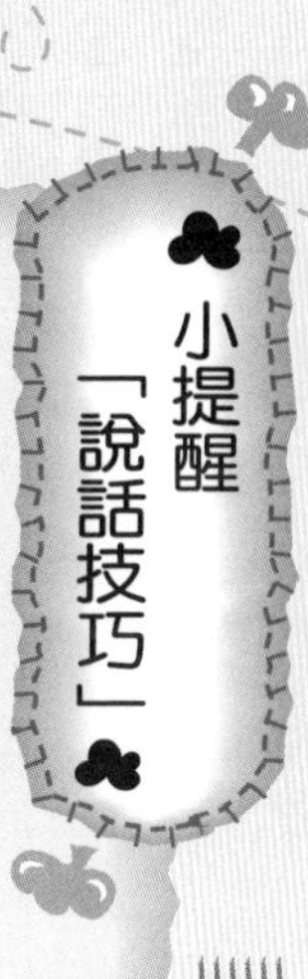

2 放開心胸

好人緣法則 2

主動對人敞開心胸

在職場或初次與人見面說話時，應該都有過自己跟對方有隔著「一堵巨牆」的感覺吧！

不管問再多，對方的回答都很簡潔，感覺不是很熱絡，不然就是眼睛看別的地方，渾身散發出「我不是很想跟你親近」的訊息，還有不少人對人有敵意。

這是因為人們都太過緊閉心房的緣故。

這時候，就算你想勉強打開對方的心房，也是白費工夫。

若置之不理，你跟對方的距離不可能變近。建議大家可以主動敞開心胸，從自己的生平事蹟、個人私事或心情開始聊起。告訴對方：

「其實我從很久以前就想跟您見面！」

「原以為自己比較耐寒，但今年的冬天卻特別冷，我都受不了。」

「我在這次會議中必須向公司的重要幹部做簡報，讓我有點擔心。」

像這樣主動敞開心胸，自然就能走進對方的心坎裡。

想跟別人培養感情，最有效的方法是，傳遞「好感」，而不要太刻意。

要讓人看見自己的缺點。

只要**不去製造隔閡**，對方的「好感」或「心裡話」便沒有招架之力，這麼做不僅會使他們感到放鬆與安心，還會得到超出預期的反應。

懂得主動敞開心胸，才會被愛。

不要去製造隔閡，誠實說出心裡的話，就會受人歡迎。

被動等待，事情永遠不會改變。

逃避或躲在自我保護殼中，人緣永遠無法變好。

守不如攻。唯有自己主動去敲開對方心門，心靈才會相通，獲得回饋。

POINT!★說出自己內心真正的想法，就能和人有好關係

進階級

受歡迎的說話技巧

1 說自己的糗事

❖大家都愛會犯錯的人

原本美麗的女強人或可怕的前輩，稍微做點蠢事或講些自貶身價，瞬間能「受人歡迎」。大家對於會犯點小錯的人會比較安心，因此，別老是那麼緊繃，稍微放鬆一點，讓平常有來往的同事看看你不靈光的一面也無妨。

2 誠實告訴對方：「我現在很緊張」

❖誠實才會受人歡迎

緊張時誠實告訴大家：「我現在有點緊張。」不僅對方能體諒，自己的心情會變得比較緩和。重要的是，對於自己不知道的事千萬別裝懂，而要告訴對方「這個我不會。」犯錯的時候，則要誠心誠意地說「我錯了。」不過這要看狀況，有時會被人批評說：「不是新人了還犯這種錯誤，給我機靈點。」的狀況。

3 說出對對方的「喜愛」與「尊敬」

❖多講能討歡心

沒有人會討厭喜歡自己的人。你跟對方說：「你的……非常令人敬佩。」或「我最喜歡你這一點。」對方會越來越認同你。說話是不花半毛錢來取悅對方的禮物，送人這種禮物一點都不會吃虧，所以千萬不要覺得丟臉，多送禮物給對方吧！相信不久的將來，你一定會得到對方的回饋。

小提醒「虛張聲勢」

只會虛張聲勢，
掩蓋自己真正想法
「我還好啦！」、「不用擔心，我罩得住」
「根本一點問題沒有！」

工作上的事有時需要稍微虛張聲勢，但若無時無刻都在逞強，不僅跟人會有隔閡，身邊的人看了也會覺得擔心。有時稍微示弱，跟對方拜託說：「怎麼辦？」或「快幫幫我。」反而較能建立交情。

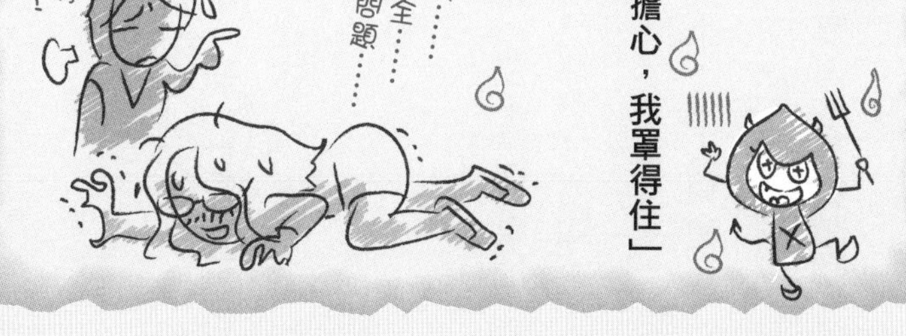

3 修正自己才能知道別人想聽什麼

好人緣法則 3 隨時反省自己

一群女生聚在一起聊天，雖然彼此雞同鴨講，但還是可以聊得下去。

大家只說自己想說、聽自己想聽的事。

但如果用這種說話方式漫無目的的閒聊，套用到工作上會造成大問題，要不是扯東扯西、破綻百出，自己不想講的完全不說，或說話變得很主觀，到最後自己都不禁要問：「奇怪，我到底在講什麼？」

如果工作上出點紕漏，或許有熱心主管或前輩的指正，但多數情況下，別人只會在心裡想，「這個人不行」或「她頭腦是不是不清楚啊？」然後繼續敷衍你。

「嗯」、「這個嘛」、「簡單」、「某種程度上」等說話習慣，其實這些都會讓聽者很不舒服。

我們在說話時，都不會察覺到別人心裡正在想：「拜託，你該適可而止了吧！」

有時你本來打算好好做，但到最後還是有可能會故態復萌，開始用錯誤的方式說話

（本書中有許多「小提醒」，請大家確認自己是否犯了這些錯誤）。

為了不要用自以為是的方式說話，**你的心中要有「另一個自己」**。

所謂「另一個自己」指的是一個能站在第三者的立場指正你的人。

「喂，你這樣說，對方好像聽不懂耶！」

「這部分不是那麼重要，簡單帶過就夠！」

「你再這樣強辯，別人對你的印象會更差喔！現在快道歉。」具有一雙眼睛，能以客觀角度去觀察自己與整體狀況。

希望每個人都能擁有這雙眼睛，讓自己不管是在思考或正在說話，**隨時養成修正自己的習慣**，能夠擁有這項自我監督的能力，相信你的說話技巧會突飛猛進。

POINT!★站在第三者的立場來檢視自己

練習修正自己！

～具體實例～

【例1】EXAMPLE 1

向朋友推薦某部電影時……

過去的自己

「前陣子我看了一部電影，超級好看的，你一定要去看喔！」

修正1

等一下，她看起來好像有點意興闌珊。

怎麼會這樣？她不喜歡看電影嗎？

【例2】EXAMPLE 2

跟主管報告不好的結果時……

過去的自己

好討厭要報告，明天再說。

修正1

不行！，越不好啟齒的事越要儘早講！

等主管下午有空的時候我立刻去報告。要怎麼解釋才好呢？

【例3】EXAMPLE 3

員工老是記不住作業流程時……

過去的自己

吼，她每次總要我說明好幾次！

修正1

講話東扯西扯，很難搞清楚你的重點。

說話時要整理重點。

修正2
沒這回事，應該是你沒有把這部電影有多好看告訴她吧！

我再詳細向她介紹。

修正3
太過詳細是不行的，因為扯太多會讓對方覺得很累。

好吧！我就告訴她電影哪裡打動我。她的反應變得熱絡起來！

修正2
不需要解釋！這不是主管想要聽的。

主管希望聽到的應該是……我知道了！我就說原因及改善對策。

修正3
請仔細思考主管的個性。

她的個性比較理性，要避免用太過抽象的表達方式，所以要用數字具體說明。

修正2
說話速度不能太快，對方才不會聽不清楚。

觀察對方反應，說話要緩慢而仔細。

修正3
確認對方是否理解。

說明完畢，請對方複誦一遍。

雖然自己沒發現，但卻令人感到不舒服!?

讓我們一起來「確認說話方式」

CHECK POINT!

□ 習慣性拉長語尾

「不好意思……有件事想要拜託你耶……」等刻意將語尾拉長的方式，會給人幼稚和不可靠的感覺，甚至會被討厭。請記得提醒自己，語尾不要拖拖拉拉。可以學習主播或女明星等清晰的說話方式。

□ 說話時，習慣先說「反過來說」等連接詞

其實很多人習慣用「反過來說」、「雖說」、「但是」等連接詞來接話。每個人的狀況不同，有些人聽到會覺得被否定而感到不悅。其實絕大多數的對話都不需要連接詞，所以建議大家說話時，請盡量不用連接詞。

□ 習慣自行做總結

動不動用「簡單」、「總歸一句」等自動做總結，多半是大姐型的女生。這種說話方式，硬生生打斷，感覺很傷人，所以別用「簡單」或「總歸一句」，改用「所以你的意思是……」做總結，使對方不會受傷，還會因為你懂她而更放心。

□ 習慣說「嗯……」、「這個嘛……」

很多新聞主播與運動選手都會這樣說話，經常不自覺拉長語尾說「嗯……」、「這個嘛……」聽在對方耳裡其實蠻刺耳的。這種事自己很難察覺，可以拜託值得信賴的朋友指正自己。多練習在話與話之間留白，能自然除掉壞習慣。

請跟朋友一起確認！

CHECK POINT!

□ 不知不覺越講越快

愛講話或個性急的人，說話速度很容易越來越快，自顧自地講，對方聽在耳裡其實非常吃力，有時太急著發表意見，甚至會重複對方說的話，記得要先觀察對方的反應再發表意見。完整聽完，深呼吸再開始說話，能確保說話維持一定的速度。

□ 說話內容冗長無段落

如果太常用「雖然……但……」、「話雖如此……但……」等來連接句子，整段話將拖拖拉拉變得非常冗長，會讓人搞不清你想表達什麼，無法將真正的意圖傳遞出去。說話的節奏差，讓人聽得很痛苦。說話要簡潔，如果習慣拖拖拉拉，會讓人感覺聽不到重點，記得先將內容歸納再說。

□ 表達方式不清楚

「不知怎地……」、「像……」、「偏偏……」、「……的感覺」等，常出現在年輕人或三、四十歲。特別是女性，常因擔心傷害別人，而刻意不將話給說清楚，其實這不僅容易給人沒自信的感覺，聽起來也很不舒服。在表達某種狀況或自己的心情時，更要用主詞「我」，告訴對方「我認為……」或「我的感覺是……」把話講清楚。

小提醒「主觀意識」

說話具有強烈主觀意識

「絕對是……沒錯啦！」「就是這樣」

主觀意識過強，經常將「現在是……」、「女人應該……」或「他絕對……」等掛在嘴邊，變成無法以客觀的角度看事情，容易變得眼光狹隘與過度利己。所以請將自己的想法，以個人的淺見與人分享，盡量別用太過武斷的方式來表達。

想糾正這種人是在自討苦吃。建議大家對於各種不同聲音能多點包容，告訴自己「原來還有這種想法呀！」試著去接受。

●說話以自我為中心
●封閉的姿態
建立隔閡
隱藏自我
●溝通比較被動
主管
●不被信賴
●不受歡迎
沒有……
☆沉默冷淡、緊張怯懦、面無表情
☆眼神閃爍、游移不定
☆駝背、無精打采
☆聲音太小
☆語尾含糊不清
工作表現好受人歡迎的說話方式
3原則
●焦點要放在別人身上
●主動對人敞開心胸
●隨時反省自己
有待改進

●說話以他人為中心
●開放的姿態
先敞開心胸、自然不做作
●主動跟人溝通
主管
你好！
●值得信賴
●受人歡迎
☆笑容可掬、笑臉迎人
☆說話時會看著對方的眼睛
☆抬頭挺胸
☆聲音清晰
☆語尾清楚不含糊
●懂得自我指正，讓自己保持客觀
●能掌握事情整體的樣貌
受人歡迎

4

報告

不要等別人問「你究竟想要表達什麼？」

＊要先說別人最想聽的事

在報告時有時會遇到別人臉色變得越來越差，甚至說：

「你究竟想表達什麼？」

「結論到底是什麼？」

由於女性員工習慣「按照時間先後報告」與「詳細交代前因後果」，尤其容易發生這種狀況：

員工：「A公司的貨原本昨天應該到貨，但我留下來等到九點還是沒到。其實我在傍晚打了好幾次電話給負責寄貨的B小姐，但一直沒聯絡上她，問其他人都不清楚。搞了半天才知道原來B小姐出差，好不容易今天早上終於聯絡上B小姐……」

主管：「所以呢？」（一臉不耐煩）

員工：「今天開會預定要用到的A公司的貨都還沒到！」

主管：「你為什麼不早說！」

你身邊是否有用這種方式跟主管說話的女同事呢？

搞不清楚主管「最想聽到的是什麼事」結果被究責。

站在員工的立場，或許會覺得讓主管知道自己「一直等到九點」或「打了好幾次電話給對方」很重要，但事實上這些事根本沒有特別強調的必要，提「B小姐到其他地方出差」是多餘的。其實你只需這樣告訴對方：

「A公司寄過來下午會議要用到的貨，原本預計今天四點後會收到。今天早上跟負責寄貨的B小姐好不容易聯絡上，才知道她忘了把東西給寄出來了……（若有需要，之後再詳細跟主管交代相關事項）」

如果你能將焦點放在「究竟對方最想聽到什麼？」就會明白，最重要的事，是讓對方知道「東西什麼時候會到」而按「結論→原因→詳情」依序向對方說明。**與結果無關的零碎的事情全都別提，報告記得要簡潔、明確、易懂。**

這樣說話別人才會聽得懂。

進階級

受歡迎的說話技巧

1 報告的重點在於「正確傳達事實」

❖判斷或臆測直接刪除

報告的重點在於，將正確的資訊正確地傳達出去。擅自加進自己的判斷或臆測，只會使事情更混亂。在某些狀況下，報告前有確認事實與相關詳情的必要，因此盡量不要放進自己的意見或感覺，忠實呈現事實即可。

2 一開始「先說結論」

❖重要的事要最先說

一開始「先說結論」，對方才會做好心理準備，集中精神聽你接下來要講些什麼，在腦中整理重點。對於要聽到最後才能知道結論的報告，往往是等你全都說完才問：「剛剛開始你說的話，可以麻煩再說一遍嗎？」

3 掌握適當的報告時機

❖「越早報告越好」

一般人多半習慣把難以啟齒的報告往後移，拖太久反而會造成無可挽回的結果，因此，越難以啟齒的報告，越要儘早報告。「出現一定結論時」、「真相呼之欲出時」與「對方有時間聽你做報告時」等都是很適當的報告時機。

4 令人開心或「一切順利」的消息

令人安心的報告方式

如果你總是在發生事情或不得不報告的時候才報告，會讓聽報告的人覺得很緊張，因此，適時提出「事情進展得很順利喔！」、「事情圓滿結束了。」等報告讓對方安心，是非常重要的。拖延的案件，千萬別忘了過程中要多向對方報告。請記住，報告是溝通的一環。

小提醒「冗長報告」

解釋過於詳細，導致沒完沒了

「因為……所以……（沒完沒了）」

當主管問你：「客戶那邊的反應如何？」你可能會回答得太過仔細，如：「是。對方人很好，還說要幫我們……，所以說……」導致話變得很冗長。這樣的回答方式，雖然沒有偏離主題，但有時卻會讓人失去耐心，而無法得到好的評價，所以記得大略回答「客戶的反應非常正面」即可，如有需要再詳加說明。請按照「重點」的順序來報告。

使用流程表掌握報告！

●事先整理重點，報告更順暢

＊事先做好流程表，較能掌握說話的順序與重點，聽者比較容易懂。

● 結論

● 理由

● 理由

● 重點

（經過、詳情、補充說明等）

● 重點

（經過、詳情、補充說明等）

● 其他

報告 3 原則

❶ 正確性

❷ 先說結論

❸ 簡潔

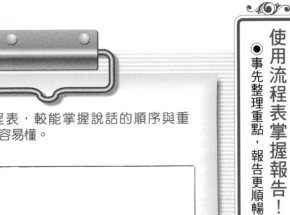

報告的順序

1 **報告內容**
（你要報告什麼？）

「想跟您報告某某事情，請問您有時間嗎？」

↓

2 **結論**

「我先從結論開始說起。」

↓

3 **原因、理由**

「理由有幾個：
第一是……
第二是……。」

↓

4 **經過、詳情、補充說明等**

「經過是……」
「詳情是……」
「補充說明……」

報告流程表製作重點

重點1

圖表採條列式

＊整篇不分段，讀起來很吃力
・感覺很像在念課本而不是說話

重點2

運用5W3H
必要事項不遺漏

WHEN（何時）
WHERE（何地）
WHO（何人）
WHAT（何事）
WHY（何故）

❖盡可能維持簡潔的說話方式
不一定要提的事就不用提！

【剔除多餘資訊的標準】

1 根據這個資訊「是不是對方想聽的資訊？」來剔除

2 根據這個資訊「是不是合乎本次主題的資訊？」來剔除

3 根據這個資訊「只是你自己『想說的』資訊？」來剔除

HOW TO（如何）
HOW MUCH（程度為何）
HOW MANY（數量多少）

重點 3

重要的事情，後續要做成書面或郵件

*避免自己漏講或對方漏聽

提醒
剛剛提到的事

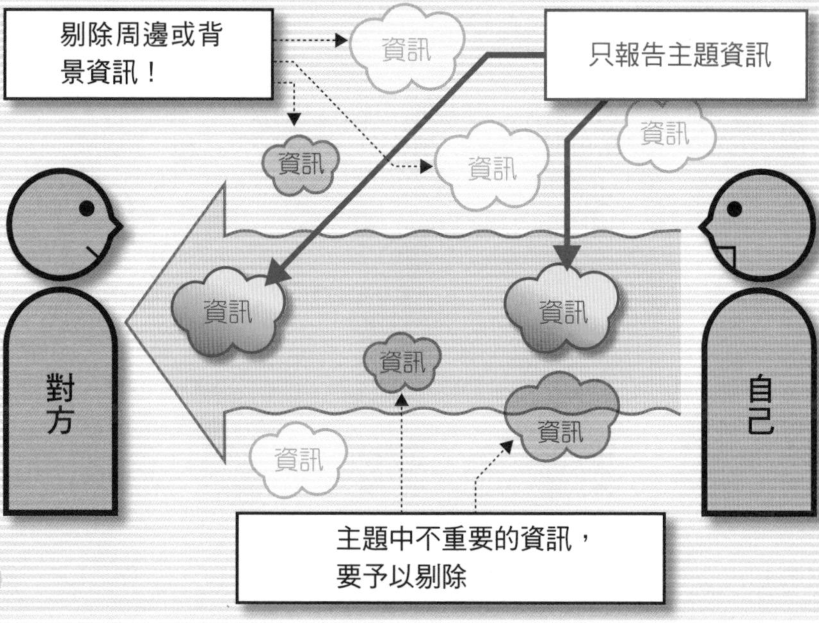
剔除周邊或背景資訊！
只報告主題資訊
資訊
對方
自己
主題中不重要的資訊，要予以剔除

5

說明1

說話是為自己還是為別人？

「讓人聽懂」最重要

之前我有機會聽某位財務規劃師的報告，她說：

「我們FINANACIAL PLANER（財務規劃師），乃係針對顧客在儲蓄設計、投資計畫、保險設計、稅金對策等，乃至於LIFE PLAN（人生規劃），給予TOTAL ADVICE（全面性建議）的CONSULTANT（諮詢顧問）。」

這個說明好像在念文章似的。

我心裡想，怎麼會有那麼多的專有名詞，接著又連續出現一大串的英語。她在進行商品說明時，跑出CASH FLOW（現金流量）、COMPLIANCE（合規性）、RISK MANAGEMENT（風險管理）、BALANCE SHEET（資產負債表）一堆英文。

對這一大串英語說明，感到反感的，應該不是只有我吧！

用這種方式說話，哪怕話說得再完美流暢，也很難聽懂。

以「自己想說」為第一優先，不顧聽者感受，完全忽略對方說話，對話最重要的目

的是「讓對方聽懂」。

「我希望顧客您這一生，只要跟金錢有關的任何問題，不管是儲蓄、保險、投資或稅金，通通交給我來處理！」

像這樣，**雖然說得不是很完整，但字字清楚，表達明確，是不是明顯動人許多呢？**

最後我並沒有跟那位財務規劃師簽約。

我無法信任一個在說話時無法為別人著想的人，要是我有保險拜託她處理，我認為她必然不會極力為我爭取權利。

「說話的方式」代表一個人的「思考方式」。

「說明」不是為了自己，而是為了別人。說明的目的是為了「讓人聽懂」、讓人理解與接受，而非「說給人聽」。

我們說的話，並不會全部傳達給對方。

因此，說話時一定要跟對方有眼神交會，用自己的話，以淺顯易懂的方式讓對方聽懂。

重點在於，說話時一定要注意觀察對方的表情，隨時確認對方是不是真的理解。

在研究說話技巧前，**更重要的是，希望「讓對方聽懂」的心**。

進階級 受歡迎的說話技巧

1

在適當的段落詢問：「到目前為止，還聽得懂嗎？」

✣ 確認對方是否聽懂

在重點停下來問：「聽得懂嗎？」或「您是否了解呢？」看看反應如何。如果發現對方不懂，就要再簡化或重新換個方式說明。重要的是，別自顧自地講，說明的一方與聽講的一方必須彼此心意相通，溝通才順暢。

2

說話要簡短，分段落

✣ 簡潔有力讓人印象深刻

說話者不覺得自己很冗長，但對聽者，想要理解那麼長的一段話，其實注意力必須非常集中，不然會覺得很累。特別是，如果一段話一直出現「雖然我認為……但是其實……」等句子，並將二、三樣的事情全都連在一起，聽者會更搞不清楚哪裡才是重點，以及說話者想表達的是什麼。前面我們提過，訣竅是要盡量以簡短語，搭配深入淺出的方式說明，對方會比較容易理解。

3

不知道的事不要說

✣ 要用自己的話來說

有不少人對於社會的流行語是一知半解。不管你想引用的是文章，還是從什麼地方聽來的資訊，重要的是，你必須要有充分的理解。自己不是很懂的事，說出來別人怎麼會懂。

4 要觀察別人的表情

❖ 停止自嗨

自顧自的講，無法掌握對方是否理解。說話時，記得要多留意聽者是否一直在點頭，或目光是否游移不定，一旦察覺對方表情怪怪的，要停下來問對方：「這個地方是不是不懂？」

小提醒「說明」

滿口道理 愛強迫推銷

「大家看懂了嗎？這個商品是不是很厲害啊！不買很可惜喔！」

會用這種話術向人推銷的，多半是一廂情願、滿口道理，喜歡將自己所銷售的商品或事業合理化的人。跟這種人說：「我不想要這個商品。」是行不通的。這麼做只會繼續追問說：「為什麼呢？你不知道它有多好嗎？」逮到機會說一大篇道理來逼你就範。事實上，這麼愛說大道理，只是為了隱藏商品不佳的真相，所以遇到這種人，最好的辦法是快閃，保持距離以策安全。

6

說明2

為何總是缺乏說服力？

「熱情」與「邏輯」

有些人雖然很認真講話，但總讓人覺得說話沒有說服力。

假設同事這樣講：

「車站前的便當店生意非常好喔！不僅好吃便宜，客人也很多。外食族的蔬菜攝取量都不夠，真感謝有這些便當店的存在！」

聽完這段話，有人可能會開始聯想超商或連鎖便當店的便當：「店裡賣的便當，蔬菜量不是都很少嗎？」

有些細心的人或許能推敲出：「原來那家便當店的便當蔬菜量很多啊！」因為同事漏提這點，害得整段話都變成**不合邏輯**。

從「蔬菜攝取不足」推到「好感謝便當店喔！」結論感覺像是全部的便當店都放了很多蔬菜或很值得感謝似的，太過於跳躍。

若如能照下列順序：「這家便店的蔬菜量很夠，外食族蔬菜攝取量經常不足，真感謝有這種家庭式的便當店存在。」任何人聽了都會很認同，心想：「真的感覺不錯。」

前述說話方式之所以缺乏說服力還有一個原因，就是**缺乏具體性**。

使用「非常」、「很」等抽象的字眼，難免會被人質疑：「這只是你個人的看法？」

如果能具體說明：「車站前的便當店，每到中午至少有十幾個人在排隊喔！而且，幕之內便當（※譯註：日本最具代表性的基本便當，依據店鋪的不同而有所差異，但大致是在米飯的中央放顆梅干，烤魚、日式煎蛋捲、魚糕等菜餚的便當。）一個才賣四百日圓，超級便宜的啦！連美食部落客都給它『五顆星』的評價呢！」或許有人會開始想：「既然每天中午至少有十個人在排隊，而部落客的評價一定錯不了，我下次得去品嚐！」

說話的基本目標是「讓對方理解」、「讓對方能接受」，但更高段的目的卻是「要讓對方展開行動」。

具有說服力的說明方式，**需要的是能打動人心的「熱情」與「邏輯」**。

【符合邏輯又有說服力的說明技巧】

1 提出具體數據，讓人覺得有根據

✣例如：數目、數量、金額、比例、距離、時間等

在說明中加入大量的數字，說服力會大幅提升。運用表格、圖案或圖表等「10人中有8人都覺得A案比B案好」等多數決的說理方式，容易懂、效果好。

很多！不如說……→ 多達14人

很少！不如說……→ 約3人左右

2 「接下來是我個人的意見」

✣區分事實與意見，減少誤解

「我原本一直以為絕對如此，沒想到結果卻是……」像這樣加進自己的感覺或想法，會降低說服力。

若能先區分事實與意見：「事情的結果是……，但我個人的淺見則是……」不以主觀的陳述，而是客觀的敘述。在陳述個人的意見或想法時，要說：「我認為……我會這麼講的理由是……」，闡述「理由」、「判斷標準」及「根據」。

事實 → 事實

區分

個人意見 → 個人意見

3 「優點是……、缺點是……」

✣優點與缺點兩者都要說出來

把好的部分與壞的部分通通混在一起說：「D的特徵是〇〇、品質不佳，還有……」會使聽者找不到重點。

若能明確區分優點與缺點，並從正反兩個角度，以「D的優點是……」但另一方面，它的缺點則是……」等方式說明，不僅簡潔易懂，更值得信賴。

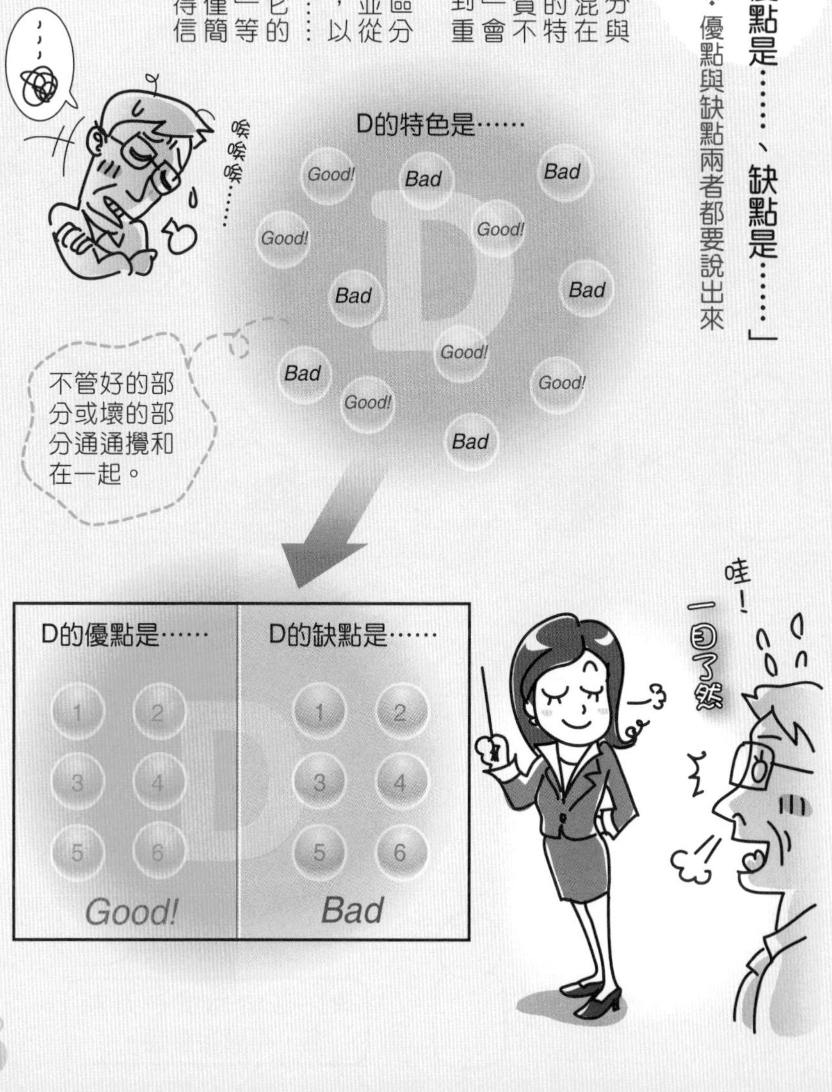

4 傳達的資訊，必須經過多方蒐集

❖以多元化的角度驗證

如果單從狹小的範圍或某一方向去蒐集資訊：「根據E小姐的說法，好像是……」、「我們部門裡的女性員工都覺得絕對是……」將可能會被人質疑：「是這樣嗎？這種說法是否有失偏頗呢？」資訊記得要多方蒐集，才能提高正確度。

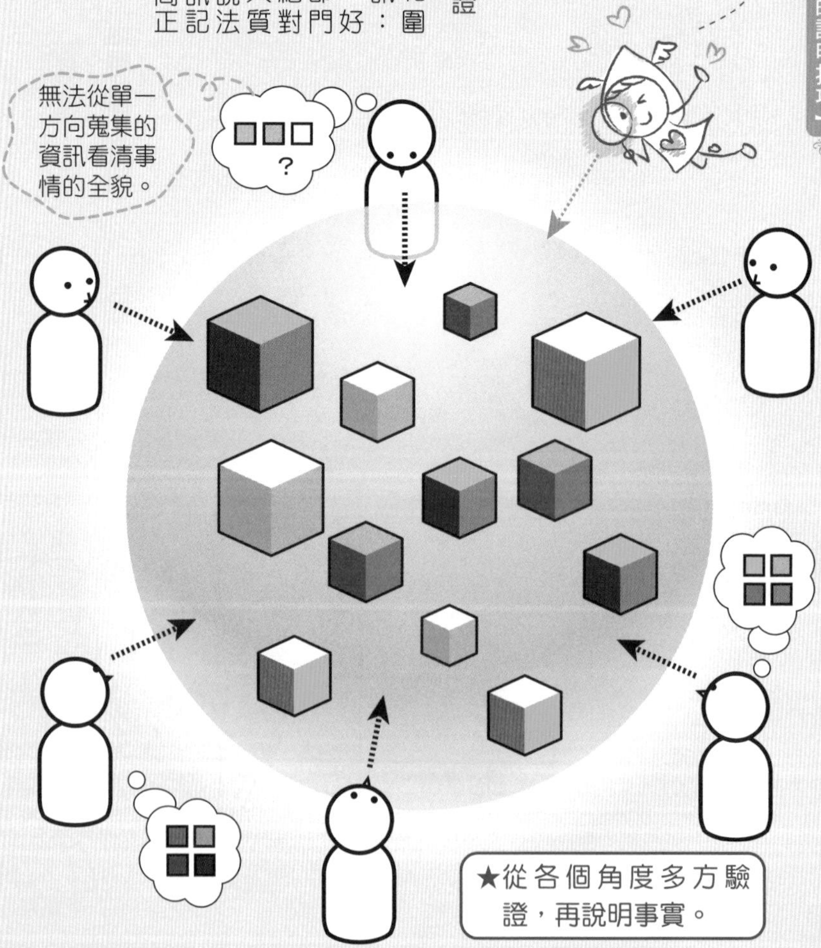

★從各個角度多方驗證，再說明事實。

5 說明要讓人容易整理

❖「重點有三」

如果你能這樣說明：「因此……」或「是說……」，對方能用「⇓」來做記號，如果你說：「結論是……」，對方則能畫「○」來表達結論，筆記將容易許多。如果能在開始說：「重點有三」或「理由有二」等，聽者會比較有心理準備，對於內容的整理也會更為容易。一個讓人容易做筆記的說明，是個讓人容易聽懂的好說明。

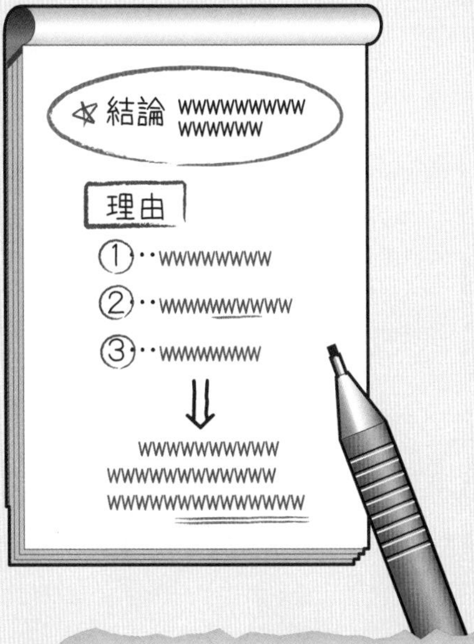

小提醒「根據」

未能提出明確根據或理由

「A公司不好。反正我是這麼覺得啦！」

現實生活中，「不知道什麼原因總覺得」等訴諸直覺的言論，此時說話的對象如果是自己所信任的人就罷了，但工作上的事情如果用這種方式來表達，會大幅降低說話的可信度。意見或判斷必須帶有明確的理由。仔細思考「自己為何會這麼認為」就能找到判斷的依據。

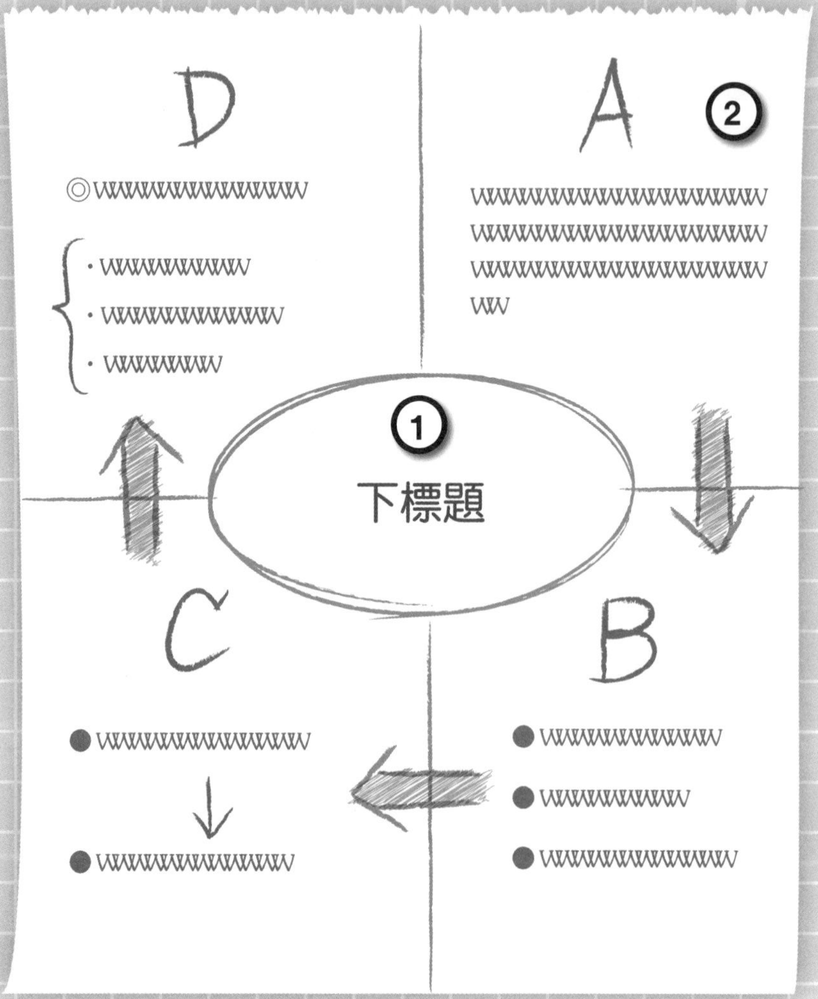

▲在思考說明內容的結構時，如能將筆記或便條紙等，以上方的圖表方式條列重點，將更為清楚。這個方法不只用在說明，連演講、作文與寫信等，通通適用。

【運用說明筆記，建立架構】

1 下標題（用一個句子來表現）

重點

★根據「說明的對象及目的」，站在對方的角度去思考「對方最想聽到什麼」，再決定標題。

（例1）「運用X計畫，讓每月業績成長2倍！」
（例2）「透過Y商品，讓作業時間縮短一半！」
（例3）「作業所需天數及內容」

★一開始先告訴對方：「接下來我要講的是……」或「結論是……」傳達事情全貌，能大幅提升聽講者的理解程度。從標題開始講起，不會偏離主題，說明比較有系統。如果傳達完畢，仍有人質疑：「什麼？怎麼一回事？」再針對理由或背景加以簡要說明即可。

2 說明筆記分成四等分，以標題設定「概要」（內容依狀況不同，亦可分成三等份）

（例1）A結論⇓B原因⇓C經過⇓D個人意見
（例2）A現狀⇓B發現問題⇓C分析原因⇓D提案
（例3）A課題⇓B解決方案1⇓C解決方案2⇓D結論

重點

★例如：「結論是A。原因是B。經過是C。我個人的意見則是D。」或「現狀是A。問題是B。原因是C。因此提案D。」

3 最後要回顧完整內容

重點

★表示：「讓我再次重申結論」、「讓我做總結」、「整理如下」等，歸納要點並做總結。

7 男女說話大不同

＊男人重道理，女人重感覺

你會不會覺得跟男生講話，無法像跟女性友人聊天一樣，可以「快速領悟」，或是產生「希望對方能了解我們的感受」呢？

男人習慣接收說話的表面意義，而不善於讀出潛藏在背後的複雜感覺。因此，講話太過迂迴，還會被反問：「所以呢？」說話不夠明確，會讓男人失去耐性。

男人與女人的思考模式及行為模式都不同，說話方式會有差異，這是很正常的。

自古以來，男人最大的生活目標，是出外狩獵。為了達成這個目標，必須練習作戰、擬訂計畫，面對瞬息萬變的狀況，試著解決問題。

男人之間的對話，是為了解決問題。

「那邊有獵物出現！讓我們一起去攻擊吧！」

「暴風雨快來了，咱們往那邊撤退！」

他們必須理性而正確地傳達資訊，因此不會出現「好可怕」或「好討厭」等情緒性

的語言。

男人外出狩獵時，女人則是負責守衛家園及生兒育女。女人知道相互幫助與扶持才能存活下來，所以敦親睦鄰成為她的生活目標。

「最近一直下雨，衣服都曬不乾！今天晚飯不知道要吃什麼？」

「好漂亮的衣服啊！新買的嗎？非常適合你耶！」

藉由這樣的對話，跟別人產生共鳴，建立良好關係。

吐露心聲，表達「我好痛苦。」或「我不知該如何是好？」別人就會安慰你：「你這樣好辛苦喔！」或「這種感覺我懂。」這樣同心協力、相互幫助。女人很清楚如何透過溝通，與別人打好關係，她們知道「把自己的感覺說出來，心情會比較輕鬆」所以經常會為了抒發情緒而聊天。

想要建立良好的人際關係，必須借助女人特有的溝通能力。要達成工作目標或解決問題，則必須用男人特有的理性方式。

掌握男女二者的特徵與差異，就能依據不同的狀況，選擇適當的說話方式。

男女說話方式有別

男人的說話方式	女人的說話方式
理性	情緒化
乾脆（直接）	拐彎抹角（間接）
目標是解決問題	目標是建立人際關係
重點在結論	重點在說話
重視縱向的關係	重視橫向的連結
透過資訊 分析得到滿足	透過詳細的 說明得到滿足
話少	話多
需要的是「尊敬」	需要的是「了解」

※每個人都具有男女兩種特徵，差別只是某一方比較明顯。

小提醒「辯解」

結果比過程更重要「我一直很努力啊！」

很多女生都被人嫌「辦事不牢」，她們的辯解是：「我做了啊！」、「我很努力了啊！」、「為什麼你無法認同我的付出呢！」希望別人看見自己努力的過程。在職場上，特別是男人的世界，結果才是一切，沒有結果，無論你再怎麼解釋，對方只會覺得你在狡辯，甚至還會責備你：「結果你就是沒做到啊！」請記住！過程，只有在你做出結果時，別人才會願意去看。

反擊惡意及揶揄

不管在職場、家附近、三姑六婆或團體中，都會有講話很討人厭的人。這種人表面上說話很有禮貌，但骨子裡卻有敵意，成天只想打擊別人。這種人最好不要去理她，不要跟她鬥。因為她而心情沮喪，剛好正中她下懷。所以你只要漠視她的感覺，別讓自己被她汙染。對話方式以「喔！是喔！」、「不好意思！」等快速轉換話題。如果對方覺得「你好像不吃這一套」你就贏了。即使是在對方欺人太甚的情況下，你還是可以輕描淡寫地讓她知道：「你這樣傷害到我了。」而不要去斥責對方：「你會不會太過分啊！」

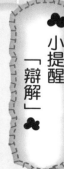

進階級

展現你的工作能力

❖如何與職場男性說話❖

1 目標明確，告訴對方你的想法

❖「我希望〇〇先生您能幫我做……」

男人最重視要完成目標，若對話缺乏目標，會讓男人困惑：「結論在哪裡？你希望我做什麼？」預測未來或探究字裡行間的真正意義，對男人是極為困難的事，記得明確告訴對方「結論」以及「你希望他幫你做什麼」。如果結論尚未出現，你可以先跟對方說：「我目前還沒有結論，但先告訴你我的想法。」職場男性會比較願意傾聽。

2 運用數字或資料，進行合理說明

❖歸納重點

在職場中工作的男性，「正確傳達資訊並予以分析」是非常重要的事，抽象的表現不值得信賴。在40頁「說明2」我們提過，要具體提出數字或資料，盡量避免模稜兩可的意見。

3 讓情緒的影響減到最低

✣遠離憤怒與恐懼的感覺

女人就算工作能力再強，讓人看見負面情緒，也會被取笑：「因為是女人……」請記得將自己從「喜歡、討厭」、「想做、不想做」、「能接受、不能接受」等情緒中抽離。

一旦被人責罵，基於防備心態，男人很容易「惱羞成怒」所以跟他們說話時，請記得以「我」為主詞，告訴對方「我希望你能幫我。」而非「你應該。」

4 表現出尊敬的態度

✣「稱讚」和「尊敬」是最好的禮物

對男人來說，獲得女人的肯定，是很令人高興的事。記得要多稱讚對方的優點，展現你對他的敬意。男人希望變得「厲害」或「工作能力強」，因此，懂得讚美男人的女人，對男人而言是非常重要的。記得直率地讚美對方：「不愧是○○先生！」或「△△先生的這點最令我尊敬！」

5 「同理心」與「溫柔」

✣「溫柔」是對男人最有用的武器

男人最無法抗拒的，是女人的溫柔。對方感到困擾時，讓他知道你在關心他：「有什麼需要我幫忙的嗎？」或「這個我先做。」在對方努力時，鼓勵他：「○○先生絕對沒問題的！」要跟男人交心，最有用的方法是溫柔。

進階級

獲得信任的技巧

❖如何與職場女性說話❖

1

主動開口，增加說話機會

❖成為彼此有「共鳴」的好朋友

女生透過心情分享，關係就會變得緊密。藉由聊些有的沒的，如「你要不要吃餅乾？」或「你穿衣服好有品味喔！」來打開話匣子、傳遞資訊與相互關心，彼此就能成為「好朋友」。所以，在工作上，主動問：「發生什麼事？」或「你還好嗎？」千萬別用說別人壞話或埋怨別人的方式來建立友誼。

2

保持適當的距離

❖獲得「信任」而非「建立友誼」

在職場上，建立良好人際關係，目的是為了把工作做好，所以，與其他女性搞好關係很重要，但建立關係目的是在獲得「信任」而非「建立友誼」建議大家要將兩件事分開來看。

因此，如果別人沒有拜託我們，記得別太雞婆去干涉對方的想法或生活。想要工作順利圓滿，就和同事保持距離，互相尊重。

3 不要鑽牛角尖，影響情緒

✣別被負面情緒汙染

煩躁或死氣沉沉是會傳染的。有不少人確實會隨著別人的情緒起舞，此時最好提醒自己，有技巧地轉移話題，讓自己保持愉快的心情。女生比較細心，各種小事都會注意，容易鑽牛角尖，動不動想：「她剛剛那樣講是什麼意思？」或「我是不是做錯什麼事？」，除非對方直接告訴你，否則別去追究，聽過就算了。

4 適度表達自己的意見

✣懂得表現自我

很多女生為了避免跟人產生摩擦，會人云亦云，完全不表達自己的意見，但這種人很容易讓人覺得「缺乏自我」，甚至會遭人鄙視。

你有自己的意見，千萬別吝於告訴對方「我認為……」積極提問或找人討論，會讓人對你刮目相看，哪怕意見最後被否定，勇敢說出自己意見的表現就值得嘉獎了。

5 說話要有系統

✣讓我們來做總結！

女生在開會或聚會時，說話常會東扯西扯，沒有系統。這時候，需要有人出來引導，提醒大家：「我們言歸正傳。」或「我們來做個總結。」設定時間，經過自由奔放的腦力激盪，再來做總結，這個方式對職場女性非常有用。

8

聯絡

這樣溝通零失誤

＊確實傳達

「我告訴過你要開會吧！」

「有嗎？」

「上星期我不是跟你提過今天下午要開會嗎？」

「你只是告訴我下午要開會，沒說時間，所以我想應該取消了。」

自認已經清楚告訴對方的事，對方卻辯說不知道。傳達出去的事與對方實際接收到的訊息不同，自然會發生這類糾紛。

「聯絡」並不是自己「有告知」就好，而要讓對方確實地「聽懂」，所以必須了解聯絡本來就容易發生問題，**聯絡時更要防範未然，以適當的方式傳達，避免紛爭。**

為了讓雙方不再爭執，**若口頭告知，要記得用紙本MEMO或寄送郵件等方式留下證據。**特別面試的時間、商品的個數、顧客姓名等重要事項，絕對要以口頭及書面雙重告知的方式來傳達。

注意說話方式。聯絡表面上是要把必要事項告知對方即可，但事實上，若能再做確認，會更保險。

「○○先生，A公司來電表示希望訂購三百個商品。一個禮拜後交貨，送貨地點是A地和B地，分別送一百個與兩百個過去，貨款方面……」

你突然和對方這樣說，對方在沒有聽你講話的心理準備，手邊沒有便條紙，甚至正在處理某件事的情況下，會隨便應付你：「我知道。」接著把事情給忘光了。

此時，如果你能先告訴對方：「○○先生，想跟你報告A公司來電訂貨的事，不知道你現在時間OK嗎？」對方會認真地聽你說。

傳達必要事項，遞交MEMO時，若能再加上一句「一切順利，真是太好了！」等貼心話，相信對方會回你說：「謝謝，等了這麼久A公司終於下訂，真是太好了！」讓原本單純的「聯絡」變成「溝通交流」。

如果反過來，別人聯絡我們時，要好好對應，跟對方確認：「可以容我再複誦一遍嗎？」來確定你接收到正確訊息。

預防紛爭發生的前提，**聯絡時要用「確實傳達」與「確實收到」的方式，保持慎重。**

POINT!★重要事項，口頭與書面要同時傳達

進階級 受歡迎的【聯絡】技巧

接收訊息

● **記MEMO**
（記MEMO這個動作，是有條理的表現）

● **複誦確認**
「請讓我複誦一遍！」

● **收到對方的信件，要立即回信**
「收到了！」
「二、三天內將回覆您，請稍等一下！」

需要改進的「聯絡」

接到留言或信件，卻不馬上回覆

「沒有問題所以才沒回信。這麼做有什麼問題嗎？」

以留言或寫信等方式與人聯絡，卻沒有接到回覆，心裡難免會擔心「對方是否收到」。因此，一句：「我收到了喔！」或「謝謝你告訴我這件事。」會讓人覺得你很值得信任。放著不處理，「過一陣子再回。」會讓人焦躁不安。第一步是要先讓對方知道「我聽到你的留言，過一陣子再告訴你結果。」如果有工作上的交集，這麼做可以使彼此知道對方已經收到通知。

這樣聯絡可建立良好工作能力的形像

報告

●聯絡前先製作重點摘要MEMO

山田先生
A公司的B小姐來電
●希望能調整面試時間
△月○日 13:00
→×月□日 14:00
地點：○○飯店
希望你能回電

○月×日 15:13
齊藤

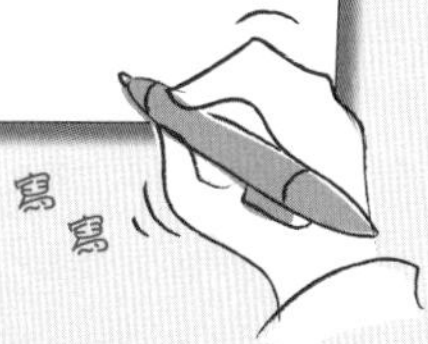

「○○先生，我接到通知，不知道你現在有沒有時間，大概三分鐘。」

●掌握對方的時間行程，儘早報告
●先告訴對方大概要花多少時間，讓對方有概念
●明確告知聯絡目的，讓對方知道「為何要聯絡」

重點

●先說出最重要的事及對方最想聽的事

細節

●分項整理，讓對方容易做MEMO
（明確寫出5W1H等必要事項）

確認對方是否確實接收到了

●即使對方未複誦，自己也要將重點複誦一遍，確認對方是否確實聽懂
（特別是緊急電話聯絡，更要確認）

稍微再加上一句

●鼓勵對方「加油！」或「麻煩您。」

●遞交聯絡事項的紙本MEMO或後續寫信追蹤（書面資料）
※雖然現在幾乎都用電子郵件聯絡，但重要的事情，還是記得要用「口頭＋電子郵件」Double Check！

9

討論

值得信任的討論方式

＊朋友聊天與職場溝通是不同的

你是否曾遇過這種狀況呢？同事或晚輩來找你說：「有點工作上的事想找你討論……」繼續聽下去，發現對方只是像跟朋友般和你吐苦水，東拉西扯，說話毫無重點。

一般有人願意找我們討論事情，心裡都會很高興，覺得「自己受到信任」，會努力「想辦法為對方解決問題」，如果對方的討論只是想找人吐苦水，卻搞不清楚問題的根源，只是想把問題丟給別人：「我覺得很困擾，快告訴我究竟該怎麼做。」只會讓人想回她一句：「拜託你別這麼依賴好嗎？」

懂得自己先思考解決方法，並找出解決的關鍵，再來問：「這件事讓我覺得很困擾，我個人是想這樣做，不知○○先生你覺得如何？」才能提供較有建設性的建議：「你的想法雖然不錯，但如果能再注意○○，或許會更好。」

跟工作實務有關的問題，如果對方問你：「我手上有一件非做不可的企劃案，我個

人做不來，可以請你跟我一起想想看該怎麼做嗎？」相信你一定會很想教訓對方：「這是你的工作，應該先自己想辦法啊！」

如果對方懂得先思考，經過統整再問：

「針對這個企劃案，我有一點想法，可以讓我聽聽你的意見嗎？」

「我想到的是A方案與B方案，不知道你覺得哪一個比較好？」

這樣會讓人更信任。

「沒想到你能想到這些，方向大致沒有錯，可考慮再加上○○或○○？」讓討論變得更有意義與建設性。

願意在百忙之中，撥時間傾聽問題，多半是希望自己能幫得上忙，所以，我們一定要好好研究說話方式，盡可能在短時間內獲得寶貴的意見。

找人討論或受人諮詢，彼此間會因為心意的交流而培養情誼。凡事一意孤行，反而會被人責怪：「怎麼不來找我討論呢？」所以碰到問題，記得要主動找人討論。

POINT!★討論工作前自己要先思考

進階級 受歡迎的【討論】技巧

1 統整資訊，消化完再去請教別人

❖先從「讓對方聽懂」做起

還沒有明確的解決方法，就先統整身邊的資訊，掌握問題發生的原因或能做的事情，思考怎樣解決問題，對方比較能了解你的難處，你也比較能得到有建設性的建議，若能給人「這個人很用心在思考」的感覺，對方想幫助你的意願也會跟著提高。

2 問題簡化，使別人容易回答

❖濃縮問題重點

假設你可以提出幾個方案供對方選擇：「關於這點，您的想法如何呢？」或試著設定特定對象：「你覺得從顧客的角度來看，他們會怎麼想呢？」讓對方易於回答你的問題。諮商的過程如果加入過多情緒，會讓人無法從公平的角度，提供適切的建議，因此，諮商要盡量避免情緒化。

3 想法大致上已有結論，要進一步確認

不好意思，有事情想請教你……
我只接受簡單諮詢！

✣「這樣做正確嗎？」

如果我們說：「有件事想請教您。」然後再把事情的緣由，從頭到尾說一遍，可能會耗費許多時間，因此，自己的想法大致上已有定論時，要直接講出來：「這樣做可行嗎？」、「有沒有問題呢？」讓對方能斬釘截鐵地回答你「ＹＥＳ」或「ＮＯ」。如此一來，對話不僅能在數分鐘內結束，你也能得到想要的答案。

小提醒「討論」

到處討論，會被人討厭
「這件事還是必須向您請教。」

在心中認定某人是主要討論對象，對方多半願意竭盡所能為你解決問題，一旦發現同一問題也去討教其他人，會變得比較沒有熱忱。因此，有事找人討論，基本上是一個問題請教一個人為主，若得不到答案，再跟對方說：「沒關係，那我再去問〇〇先生好了！」繼續去問其他人。

我有問題想請教您。
啊！

10

發問

正確提問

＊好的「提問」可增強「工作能力」

很多人在聽完報告或簡報，到了提問時間：

「有沒有什麼地方不懂？」

「有沒有什麼問題？」

都會沉默不語。

這是處於「不知道什麼地方不懂」或「不知道該怎麼問或該問什麼」的狀態。完全沒人發問，報告者會無法了解大家是否理解，擔心「這樣沒問題嗎？」或「到底大家有沒有聽懂？」

為什麼大家會沒有問題呢？

歸根究底，是因為大家對報告常左耳進右耳出，不去思考「這個想法套用到我身上會怎樣」或「這個企劃案付諸實行時會遇到什麼問題」，完全沒聽進去。

如果當成自己的事，發揮想像力去思考，相信有疑問的點或無法理解之處，會一個

接著一個出現的。

大家可以試著採取開放的態度，去接受別人的想法，讓自己的腦中浮現具體的影像。如有什麼疑問讓你覺得「咦？對方剛才講的那點，我好像不是很懂」或「究竟該怎麼做才好」，逐一記錄再提問即可。

疑問發生，記得一定要立刻提問。

總是以自己的感受為優先，覺得「問這種事感覺好丟臉」或「我才不要跟那個人問」不懂的事情繼續不懂，不僅工作無法順利進行，依據自己的感覺亂做，之後重做更花時間。

工作上的提問，目的是「為了讓工作執行更順利」。

在職場上，經常提出問題的人，多半都很受歡迎。

明白「不懂的事情要說『不懂』」這樣會受人喜歡。

正確提問，會讓周圍的人感受到你的誠實與做事熱誠。

進階級 受歡迎的【發問】技巧

1 心中有疑問就要立即發問

❖慎選發問對象

為了避免誤解或浪費時間，心中有疑問要立即提出，並立刻解決。但該找誰問也是門學問。跟你工作有交集，如果剛好有人可以問，可以直接問他，如果沒有，則可從自己身邊「必定知道這個問題答案」的人去問。可告訴對方：「因為○○先生您以前曾負責過這件事，您應該會知道……」等。

小提醒「發問」

♣一次提出太多問題

「我有五個疑問。第一是……、第二是……」

一次提出太多問題，有時會讓回答問題的人忘記「下一個問題是什麼」。因此，記得將所有疑問，先統整成對方比較容易理解的一個問題。有二個以上問題要發問時，要等對方回答完一個問題，再提出下一個問題。

2 工作要先做再問

✣有些問題做過才知道

「請你將這個EXCEL檔整理成表格！」你立即反問：「您所講的表格是指怎樣的表格？」得到的往往會是：「普通的表格啊！你先做了再說啦！」看起來立刻能完成的事，要先試著做看看，歸納問題的要點，做了之後會陸續出現新的問題，記得先將所有問題統整，再一併提出。

3 發揮想像力，以5W1H的方式來提問

✣「Why」、「What」、「How to」「Who」、「Where」、「When」

發問之前，若能以「為何而做（Why）」、「最終的狀態是什麼（What）」與「要以什麼方式來進行（How to）」等三個重點來思考，問題會一個接著一個產生。懂得具體想像問題並試著解決問題，做起事來才會越來越順利。

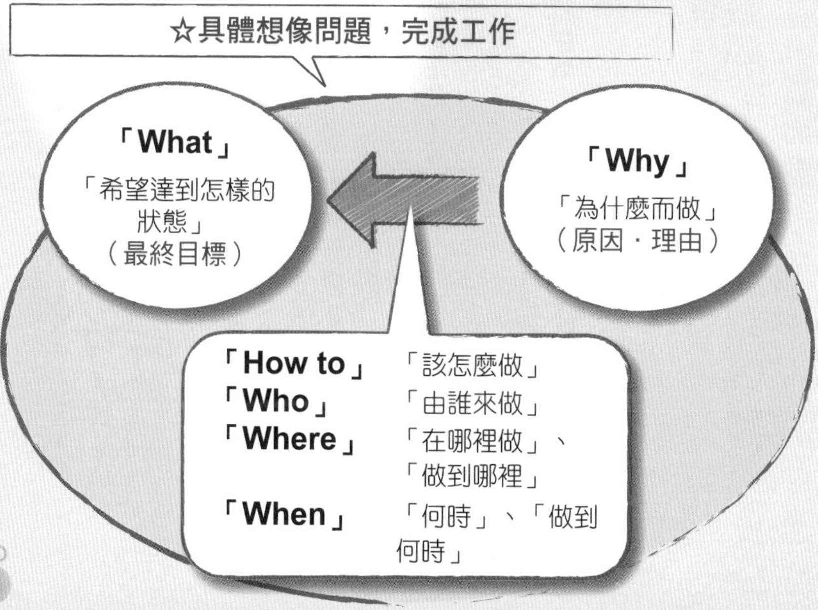
☆具體想像問題，完成工作
「What」
「希望達到怎樣的狀態」
（最終目標）
「Why」
「為什麼而做」
（原因・理由）
「How to」 「該怎麼做」
「Who」 「由誰來做」
「Where」 「在哪裡做」、「做到哪裡」
「When」 「何時」、「做到何時」

11

意見

為何意見總是不被採納？

＊提出有效意見的三個要點

有些人「講的事情雖然都對，但不知為何，意見總是不被採納」。

而有些人「不知為何，大家都會照著她的意見去做」。

受人喜愛的資深藝人，在電視上講：「我覺得很奇怪，○○很棒啊！」就會引起許多人的迴響，認為「對啊！對啊！他說的真對。」換言之，人多半是憑感覺而非道理在做事。

既然我們不是人見人愛的藝人，不是說話多有影響力的大人物，想讓自己的意見聽起來更有說服力，必須具備下面三個要點：

1 是否受人信任

想建立信任，其實將「理所當然的事」直接做好即可。「無法守時、守信或從沒守時、守信過」等理所當然的事都做不到，自然會感到失望。

一個人沒有太大的可取之處也沒關係，還是可以得到別人的信賴。

2 是否有明確的根據

發表意見時，必須同時提出根據，「我只是這樣覺得。」根本稱不上根據。意見想被採納，關鍵在於你準備了多少使「對方」覺得具有說服力的根據。明白對方想要聽的重點，稱讚「原來如此，這個點子真不錯」，你的意見才會被採納。

3 是否會否定對方

對於否定自己的人，很難敞開心胸去接受意見，所以一個人的意見再好，用邏輯去迫使別人屈服：「你那樣是錯的。」也會受到對方的批評與否定。習慣將「一般不是都這樣做嗎？」掛在嘴邊，喜歡站在正義的一方發表反駁的言論，這樣的說話方式會引起對方的「反感」。

「話是這樣說沒錯啦！，但又怎樣！」因此，重要的是，不管是對立的意見，我們都必須先以肯定的態度去傾聽，再以自己的語言表達意見。

具備上述三個要點，意見被採納的可能性會大幅提高，就算不被採納，你的努力也會得到肯定。為了讓事情更順利而提出的意見，要主動讓大家知道！

進階級

受歡迎的【發表意見】技巧

1 先聆聽對方說話 再提出自己的意見

✣「您說的沒錯。除了這些想法，請問還有哪些問題？」

先仔細聽對方說話並肯定：「很有道理！」、「想不到還有這樣的想法耶！」想要提出反對意見時，千萬別急著說「但是」而是以附加意見的方式，告訴對方：「我個人的想法則是……」或「你覺得要不要再加上……」對方不會覺得你是在反駁，你的意見也比較容易被接受。

2 以第一人稱的方式來表達意見「我認為……」

✣ 把焦點放在自己想表達的意見上

「我跟對方的意見，誰比較正確？」、「該怎麼做才能得到周遭其他人的贊同？」想太多，反而難以提出自己的意見，因此，將注意力集中在「讓對方聽懂自己的意見」以第一人稱告訴大家「我認為……」，意見是否被採納則是之後的問題。說話時要堅定地看著對方的眼睛，發音清楚，會更有渲染力。

3 換個角度思考 意見比較容易被接受

✣「站在……的立場來看」

在肯定對方意見的同時，可以換個角度思考，告訴對方「站在消費者的角度來看……」、「從女性的觀點來看……」提供好方法，對方會發現「原來還有這種看法啊！」更容易接受你的意見。若雙方處於對立狀態，卻強調「我的立場認為……」只會加深彼此的對立，此時請以對方的想法為優先。

4 勿使用過多肯定詞

✣「絕對」、「錯不了」、「鐵定」、「必定」

即使你對自己意見的正確性再有自信，在別人眼中看來仍然可能是錯的。說話時使用太多「絕對」、「必定」等斬釘截鐵的字眼，將大幅降低說話的可信度，「可能」、「反正」等含糊不清的用語，則會讓人覺得不可靠，表達意見請簡單陳述，多餘的修飾語能省則省。

絕對！
錯不了！
我以性命保證！
我對天發誓！
越講越離譜……
真是有趣……

小提醒「意見」

一味否定他人意見

「這樣行不通啦！我反對！這樣完全錯誤！」

許多人喜歡評論他人的意見，這種人強調「能清楚表達意見的自己」，認為非黑即白，沒有所謂灰色地帶，才叫有個性，完全沒注意到自己造成「不好溝通」的印象，在別人眼裡像是在批評。對於這種人，可以直接告訴她：「請給我建議！」讓她知道只會批評是毫無建設性的。

在我的眼中，除了牛與熊貓，沒有其他的動物！
什麼嘛？

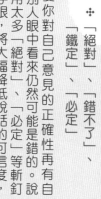

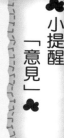

12

道歉

正確的道歉方式

＊道歉要有誠意

在職場中，經常會遇到因為工作問題，而向人低頭道歉的情形。百分百錯在自己，一定會道歉。若「對方應該要負一半責任。」、「都是他的錯，我是受害者。」或「這種事我無從防範。」多半不願道歉。

此時最該做的並不是要保持微不足道的自尊，而是要先消除彼此間緊繃的氣氛。**只有道歉，雙方的情緒才會冷卻下來，繼續往前邁進。**

假設塞在擁擠的電車中，身體不斷被人碰撞，會感到煩躁。此時，如果有人說：「很抱歉。」相信你必定會立刻回答：「沒關係啦！」如果道歉時感受到誠意，你甚至會說：「別在意！這因為被後面推擠。」或表示關心：「還好嗎？」

如果一副「錯不在我」的態度，沉默不語，只會讓人覺得很討厭，脾氣差一點的人甚至還會轉過頭去瞪別人。

道歉，是一種心意的交流。

「道歉」究竟是為了什麼？不是為了讓對方原諒「自己」，而是為了平息對方的怒火，才能繼續往前邁進，因此，唯有說到對方心坎裡，才能稱得上是「道歉」。

我們常在電視上看到某些公司幹部，因公司發生醜聞而站成一排出來向大眾道歉，許多人對於這種畫面會冷冷地說：「好了啦！這樣做有什麼用。」因為道歉只是做個樣子：「我們已經道過歉了。」根本讓人感受不到「真心」，使人感覺這麼做只是為了「自保」。

平常我們「為了合理化自己的行為」或「讓自己得到原諒」所做的辯解或藉口，都會造成對方的反感。**對方希望看見的是誠心誠意的「道歉態度」**。站在對方的角度來思考，你會發現，**有誠意的道歉效果最好**，這麼做反而還能使自己受益。

POINT! ★道歉要「誠心誠意」

進階級：受歡迎的【道歉】技巧

【減輕反感的「道歉」流程】

1 第一步，注意說話態度 表達自己的歉意

✣「之前在……的事犯了錯，非常抱歉！」

第一時間迅速表達歉意。別管「自己到底有沒有錯」重要的是必須讓對方看見，你多麼誠心誠意地「對造成的麻煩」感到抱歉，態度要真誠，才能表現道歉與反省之意。

小提醒「道歉方式」

習慣性推卸責任、滿嘴藉口「從沒有人告訴過我」

許多人為了自保「錯不在己」，往往會提出「我不知道」或「還不是因為○○先生……」等藉口。推卸責任會讓別人對你的印象更差，還會被罵：「不知道要問啊！」使信任受損，導致人際關係出現裂痕，所以就算想為自己辯解，也要忍耐。轉個念頭，好好思考接下來該怎麼做，才是正道。

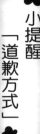

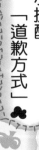

2 說明事情的經過與原因

✣「錯誤發生的原因是……」

接下來要說明「為什麼事情會演變成這樣」。明確讓對方知道事情的始末。千萬別為了自保而辯解或滿嘴藉口。就算對方有錯，也別去責怪對方。說明是哪裡造成失誤，讓對方明白。

3 如何預防再次發生

✣「我們將立即改善……」

對方最想聽到的，其實是「未來要怎麼做」。不管是立即需要被解決的事，還是已經被解決的案子，都必須要思考將來該如何對應。相同的錯誤若一再重複發生，會降低對方對你的評價，因此，後續的處理，一定要盡全力。

4 最後，表達反省與感謝

✣「未來我們會嚴加防範，避免類似事件再度發生。」「非常感謝您！」

最後以反省做總結。「謝謝」是平息對方怒火最有效的話語。道歉後，用「非常感謝您的原諒。」、「感謝您的指教。」或「感謝您的傾聽。」等感謝語展現自己的誠意，有些人聽了甚至還會鼓勵你：「請繼續加油！」

13

檢討

善於檢討可引發進步動力

＊培養默契

「喜歡」或「善於」檢討的人很少。

我自己也是如此。20幾歲時，突然增加了十幾名員工要管理。遇到「需要督促對方注意」的情況，想到這麼做可能會「傷害到對方」或「被對方討厭」，這種感覺日積月累，後來檢討就變成情緒化的斥責，或是因過度擔憂而不斷地嘮叨員工。

結果弄巧成拙，不僅把好幾名員工弄哭，惹得對方惱羞成怒，彼此還留下心結。於是，我開始思考「為什麼會變成這樣」？我觀察幾位主管，雖然經常嚴厲訓斥員工，員工卻依然願意跟隨，深獲眾人尊敬，我注意到一件事，**檢討的前提是「彼此心意相通」**。

平常多與員工溝通，讓彼此感到放心，並感受到「我想跟你一起把工作做好」及「我是為你好才這麼說」的熱情，對方會願意敞開心胸接受你的建議。

「你再繼續這樣下去，我很傷腦筋！」這麼說只是為了自己而訓斥他人。

檢討的重點在於，要讓對方知道自己的感謝與肯定，建立信賴關係。

表達自己的期待，肯定對方的潛力說：「我希望你更上層樓。」或「如果是你，絕對辦得到。」建立互信基礎，就願意接納別人的規勸或督促。

表達的方式很重要。以責怪或否定對方的立場說話，會對雙方關係造成重大的打擊。

大家一定要知道，**威脅不會使人進步**。

還有，**對於否定自己的人，絕對不可能敞開心胸去接受建議**。

「因為被逼著要做，才迫不得已去做。」只是一時的改變，沒多久便會故態復萌。除非經過自我反省，告訴自己「這樣不行。」或「我一定要做些什麼。」否則行為不會有任何改變。

記得**要用能讓對方反思，引發動力的方式說話**。這個說話方式，將在下一頁為各位做介紹。

檢討五步驟

●依對象、內容及程度而異

1 說話要用肯定句

「請你……」、「如果……」

☆受人肯定，才聽得進規勸！

○⇐×

「你資料中的錯誤未免太多了吧！」

「希望你最後能仔細確認，盡量避免錯誤的發生。」

※在檢討最後加上讚美：「你做事速度很快喔！」效果會更好。

2 加入期許

「我希望你能……」

「如果是你，一定能……」

☆受到期待，會更加努力！

○⇐×

「報告粗心大意，會造成大家的困擾！」

「我希望你能掌握團隊的整體狀況，每天依照狀況提出報告。」

※明確告知具體目標

3 鼓勵自主解決問題

「你認為該怎麼做才好？」

☆主動尋求解決辦法

× 「為什麼你的時間管理那麼鬆散呢？」

○ 「你認為該怎麼做才能做好時間管理呢？」

※讓對方找出具體的解決辦法，且請他將結論寫下來執行。

4 激發自覺

「你已經是……身分，所以……」

☆了解定位，會更加自律

× 「你不能再犯這麼粗心的錯誤啦！」

○ 「你進公司已經三年，我希望你將來能負起指導晚輩之責。」

※與其不斷提醒過去所犯的過錯，不如讓對方知道自己未來的定位。

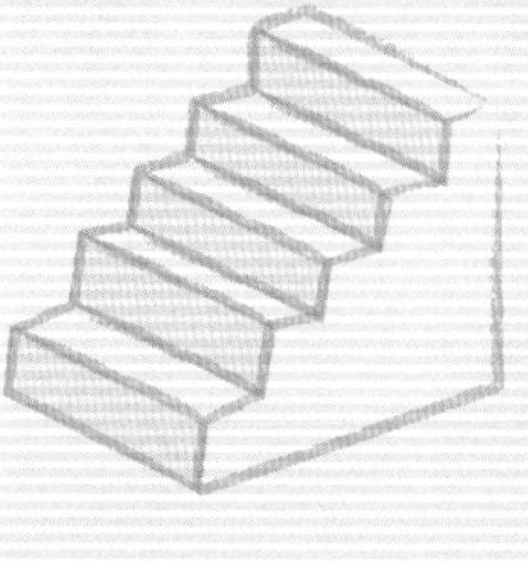

5 讓人產生危機感

「再這樣繼續下去，將會……」

☆一旦了解自己會造成多大的損失，便會有所作為

× 「你就是因為做事拖拖拉拉，才會做不完。」

○ 「你再這樣繼續下去，每個月將要加班○○小時，造成公司○○日圓費用損失。」

※告知具體數字，讓對方思考對策

檢討八要素

1. 請微笑（加點幽默是好方法，千萬別讓人覺得太過沉重。）
2. 簡潔
3. 抓重點（一次只檢討一件事）
4. 不牽扯私人感情
5. 一對一（私下進行）
6. 保持正面的態度
7. 一事歸一事，不留芥蒂
8. 對改善要加以肯定

小提醒「檢討」

檢討要具體，不否定人格

「你做事讓人覺得吊兒郎」

本人都搞不清楚，究竟什麼地方應該修正，或該如何修正，所以會逐漸失去幹勁，心生反感，覺得：「我都用自己的方法認真在做事啊！」我們無法對否定自己人格的人，敞開心胸去接受。請記得講重點，告訴對方：「我希望你這個地方能這樣做。」接受檢討的一方，可試著主動詢問：「在您看來，具體上應該怎麼做比較好呢？」

我覺得你整個人都不行！
渾身散發靠不住的氣息，窩囊廢指數太高！
???

檢討不是比排名

「○○小姐都做得到，為什麼只有你做不到呢？」

檢討不是翻舊帳

「三年前你就是這樣！」

14

讚美

創造和諧關係

「善於讚美」受人喜愛

友人M社長曾說：「不管是誰，一定會有一個令人讚嘆和值得尊敬的優點！」

她獲得來自數十名員工的莫大信賴。

其中一個原因是，她非常善於讚美，懂得帶給人自信。

「△△先生是製作企劃書的達人，企劃概念明確，讓人一目了然。」

「□□小姐總會默默地做著別人不願意做的事，多虧她那麼貼心，真令人感動。」

她認為，只要是自己所欠缺的，或是比自己厲害的，這些人通通能成為尊敬的對象。

因此，她對所有事都感到尊敬。許多女性因為她的一句話，發現連自己沒有注意的優點與能力。

每個人都希望得到別人的肯定與認同。這是人類最基本的需求。

能看出個人的獨特價值，顯得格外重要。

14

讚美可使人開心，對於人際關係的建立很有幫助，但為什麼還是有那麼多「無法讚美」或「不知道該讚美什麼」的情況呢？

一方面是因為覺得「丟臉」、「害羞」或「感覺很像在拍馬屁」，另一方面則是厭惡感或嫉妒心使然，才會「不想去讚美某人」。

換個角度思考，告訴自己「讚美會使自己得到幸福」你就能做到。看到對方的優點，肯定「她的這個優點好棒喔！」而不要看到對方的缺點，想著「那個人好糟喔！」更能讓自己幸福。

將這些想法說出口，你會變得更幸福、更受人歡迎。

如果對方「不喜歡被讚美」，就要「讓對方知道『我們』的感動」，試著說出自己的感動。人都喜歡讓別人感動，所以**不要用「你」為主詞說：「你……好棒」，而要以「我」為主詞，讓人知道「我覺得你……地方很厲害」**說「我覺得……」聽起來像要說什麼特別的事，比較有說服力。

要發現對方的優點，平常要多看對方好的一面。從各種角度去觀察，有時改變看人的方式，會讓短處都變成長處。

「善於讚美」懂得找出別人好的一面，就能「受歡迎」。

令人喜悅的讚美方式

● 讚美的對象或內容

1 用自己的話，發自內心去讚美

● 創新的讚美更令人欣賞

（課長拿出女兒的照片給眾人看）

「好可愛喔！」

⇩

「眼睛閃閃發光，感覺好有活力喔！我看了都精神抖擻起來了呢！」

※可多問一些問題，如：「她很愛講話嗎？」來豐富對話的內容。

※須注意，說話如非發自內心，從眼神可以看得出來喔！

2 讚美要具體

● 使讚美更有說服力

「這次的企劃做得真棒！」

⇩

「這次的企劃充分站在消費者的角度思考，資料分析很精闢。」

※具體說出「哪一點很好」以及「帶給你的感覺」。

3 讚美要掌握時機

●趁感覺鮮明的時候趕快讚美，會更有生命力。

「上上個禮拜的那場會議，你主持的真好！」

⇓

（開完會立刻）

「今天的會議有許多人發言，內容十分豐富，司儀主持得很好！」

※基本上，心裡一感到「很好！」要立刻說出口。讚美再多次還是會令人很開心，記得要積極多讚美。

4 向第三者說出讚美

●輾轉聽來的「讚美」，讓人感到榮耀

「最近你是不是比較認真啊？」

⇓

「（對其他人說）〇〇先生做事非常認真仔細！」

※「在背後讚美人」，不會讓人覺得刻意，反而令人印象深刻。

這樣讚美，你就是「讚美達人」

●請留意這些重點！你也可以讓別人感動

●不只讚美結果，還要讚美過程

「最近你花很多時間在業績的經營喔！我相信時間一久，絕對會看得出成績的。」

●即使是小事也要讚美

「今年，我發現你比往常更早來上班，感覺越來越有幹勁喔！」

●讚美對方所在意的事物

「前輩的待客之道好的沒話說，連我都感受到你的心意！」

●把對方的缺點，當成優點去讚美

「雖然○○先生你常說自己不擅言詞，但我倒覺得您說話不僅有分量，還很有說服力呢！」

●讚美對象是人，不是物品

「那個包包跟A小姐的氣質好搭喔！您的品味真好！」

小提醒「讚美」

不要比較

「跟上一位負責人相比，你的工作能力好強！」

這樣說話多半不是真心想讚美對方，而是為了貶抑其他人，所以往往會暴露出個人的「負面觀感」，因此，不僅讚美無法令人高興，甚至會心生懷疑：「如果哪天出現一個人比我厲害，那不是換我要被嫌到臭頭嗎？」請記得，讚美的象不要拿來比較。

不要貶低自己

「不愧是○○○。我沒辦法像你這麼厲害！」

不要說客套話

「哇！您怎麼看起來總是如此美麗動人啊！」

好想讚美你！

受到讚美的表現

★「喜悅」與「感謝」最基本，再加上謙虛及燦爛的笑容

讚美的方式重要，受到讚美時的反應也很重要。對這些鼓起勇氣來讚美與肯定我們優點的人，我們要展現出最大的感謝與喜悅。不要去否定，加上謙虛，可以提升個人評價。

受到別人的讚美時……

1

主管或前輩稱讚你的工作表現

「謝謝您這麼說，都是○○先生您教得好。我會更加努力，得到更好的結果。」

（感謝＋謙虛）

小提醒
「讚美」

否定讚美
「哪有哪有！」
「才不是這麼回事呢！」
「才不是這樣！」

2 同事或朋友稱讚你的個性

「真的嗎？太感謝了！很少被人這樣讚美，聽了好開心喔！」（稍微謙虛）

「謝謝你。老實說，聽了還蠻高興的。在我的眼裡看來，〇〇先生很……！」（反過來讚美對方）

3 晚輩稱讚你的品味

「聽〇〇先生這麼誇我，我好開心喔！謝謝啦！」（開心）

4 發現對方明顯是在說客套話或故意奉承你

「明知您是在說客套話，但還是十分感謝您！」（簡單回應即可）

「第一次聽人這麼說。這個世界上，會這樣稱讚我的，大概只有〇〇先生你而已了。」（跟著對方起舞）

「不好笑！」（當成玩笑話）

為了表現自己的謙虛，但聽在讚美者的耳裡，卻可能覺得「枉費我這麼用心讚美，真是自討沒趣。」因此，哪怕對方的稱讚只是客套，也要真心誠意地接受：「真的嗎？沒人這樣講過耶，好開心喔！」

15

拒絕

這樣拒絕不傷人

＊展現誠意「盡全力」

工作上交辦的事，我都盡量不拒絕。

不是「拒絕不了」而是「不想拒絕」。我認為接下所有被指派的工作，對於自我的成長非常有幫助，以接受挑戰的心態接下工作，**能從工作的過程中，獲得許多意想不到的機會。**

就算心裡覺得有點勉強，答應對方的「請求」或「拜託」，可與同事建立信賴關係，自己遇到困難時，就能得到他人的援助。拒絕別人所交辦的工作，仔細完成，工作能力會越來越強。

如果某項請託讓你覺得「力有未逮」，這時你要做的不是「拒絕」而是提出「條件方案」（詳見後述），告訴對方：「如能寬限到某時就可以幫忙」，或「全部可能辦不到，如果是一半則沒問題。」

對於「完全幫不上忙」的事，則要說明狀況：「我很想幫你，但這件事超出我的能

力。」對方會想：「你這樣拒絕，那就沒辦法！」轉而去找其他人幫忙。

平常若能建立「會竭盡所能去幫忙對方」的形象，哪天拒絕對方也不用擔心得罪人。如果某項請託是「明顯知道自己辦不到」卻接受，或是被前輩或同事硬塞，導致你的工作量暴增，還是推掉請託才是上策。對方的請託是否會造成你的壓力，是你拒絕的標準。

「拒絕」不管用什麼方式，多少都會讓對方感到失望。**如果是工作或莫可奈何的事，就立刻拒絕吧！**成天想著「拒絕對方，不知他會怎麼想」永遠都拒絕不了。即使對方感到失望，但不傷害對方的自尊心、無損自我評價，或不影響人際關係，其實拒絕並不是那麼難的事。拒絕，因方式不同，有時可能激怒對方，有時則可能反過來得到安慰：「好啦！好啦！不要在意啦！」

1 肯定對方（難得你這麼看得起我、難得你願意找我幫忙）。

2 表現自己的遺憾與歉意（對不起，很遺憾）。

3 找個對方能接受的理由（因為某些原因、因為某些狀況）。

基本上，做到這三點，就能維持別人對你的好感。

◉不管結果如何，彼此都能接受的「拒絕」方式

以「條件提案」取代直接拒絕

如果你能展現想幫助對方解決問題的誠意，屆時就算對方無法接受你的條件，也不會討厭你。

1◎時間變更

「現在沒辦法，但下個禮拜沒問題。」

2◎時間延長

「能不能給我五天的時間？」

3◎只接受一部分

「如果只有一半，我應該做得到。」

4◎替代方式

「這件事沒辦法，但如果是另一件事就沒問題。」

★如何區分接受還是拒絕

請託

- ●無法拒絕 ●主管的命令 ●緊急或重要的工作 → ★直接接受
- ●明顯做不到 → ★立刻拒絕
- ●有點難度 → ●思考可行的辦法
  - →●「還是有點難度……」→ ★提出條件方案
  - →●「應該是做得到才對！」→ ★爽快答應
- ●做得到 ●輕鬆做得到 → ★爽快答應

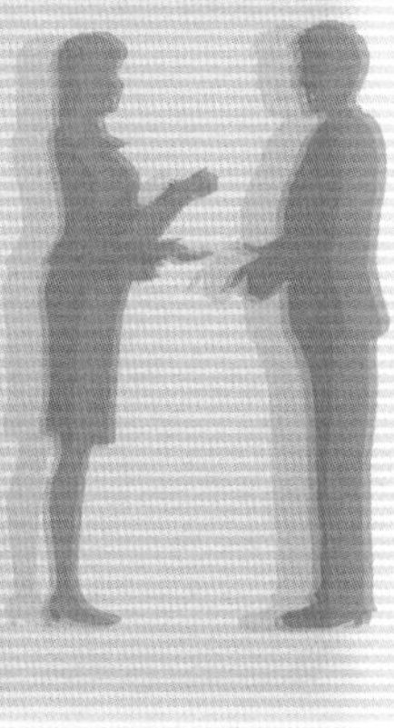

5 ◎交換條件

「那我也可以拜託你做某件事嗎？」

（用來對付惡意的同事）

6 ◎討論先後順序

「哪一件事要先做呢？」

職場三狀況，拒絕不得罪

❖前輩硬將工作塞給你：「這件事麻煩你做一下。」

✕「現在我沒有時間耶！」⇐

○「如果可以，我是很願意，但不巧手邊正好有……要做，所以現在可能沒辦法，很抱歉！」

※明快回應

※對於某些人你甚至可以幽默地回答：「拜託你饒了我好嗎？」

❖客戶提出強人所難的請求

✕「很抱歉……，這可能做不出來耶！」⇐

○「對於您的厚愛我們深感榮幸，但因為預算上的因素，可能無法成交。枉費您給我們這個機會，非常抱歉！」

※商場上對話，理由必須明確，拒絕不要模擬兩可。

※你的身分代表公司，千萬別說「我很想做，但公司不願意……」

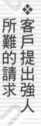

❖同事邀約不想去的聚會

×「不行，我不去。」

⇐

○「謝謝你的邀約。很遺憾那天我碰巧有事，下次再約囉！」

※表達感謝，同時正面地予以拒絕。

小提醒「拒絕」

回答不清不楚「如果做得到我就做啊！」

因顧慮對方的感受，才不清不楚地說出：「做得到我就做啊！」或「能夠去我會去」等承諾，此舉容易讓人產生過度的期待，反而會讓對方失望，造成對方的麻煩。若事情難以達成，要清楚拒絕，才叫體貼。不清不楚的回答，比直接拒絕還要糟。

16

拜託

心甘情願的「拜託方式」

＊互相幫助

同樣一件事去拜託別人，有人得到的答案是「我知道了，包在我身上！」但有人卻可能讓人覺得「咦？為什麼非要我做不可呢？」而遭到拒絕。

在職場上，成敗與否，與同事之間的交情，有很大的關係。

如果是平常經常互相幫忙的同事，或已建立互信基礎的員工，拜託起來比較輕鬆，對方會竭盡所能幫助。

對於平常不常往來的同事，你突然問：「這件事可以麻煩你做嗎？」對方一定會納悶：「有沒有搞錯？什麼時候輪到你來叫我做事。」如果是只將工作丟給人的主管，還可能讓員工覺得：「好討厭，老是喜歡將自己的工作丟給對方。」

如果感到「不公平」，不會想接受別人的請託。

想拜託對方幫我們做事，我們要為他做些什麼？這裡所謂的做些什麼，並非只侷限在工作，也可以努力表達對他人的感謝，肯定對方的表現，或成為工作上諮詢的對象。

不管什麼事，彼此有幫助，或能讓人開心，對方就會爽快接受你的拜託。

重要的是，要注意是否做到將心比心，理解對方的心理。

主管拜託員工做事，都會覺得理所當然，所以經常用命令的口吻交辦，為圖方便，事情通通扔給員工做，自然會引起反感。**記得要經常表達自己對員工的期待與感謝，說出「我有事情想拜託你」或「感謝你一直這麼幫我」等。**

員工有求於主管時，除了態度要謙遜，還要仔細地說明，有一個能接受的好理由。時機也很重要。這雖然是個很主觀的問題，但心情的好壞，確實會大大影響拜託成功的機率。與同事之間，**最好能維持「有來有往」、「彼此互相」的關係**，在工作上互相協助，或用別的方式表達謝意。別忘了要表示：「你最靠得住。」、「好在有〇〇先生你的幫忙，我才能度過難關。」傳達你的感謝。

POINT!★平時有互動，才能互相幫忙

進階級 受歡迎的【拜託】技巧

1 不用命令語氣，要用疑問句

❖「請你……」、「麻煩你……」⇦「可以拜託你幫我嗎？」

說話有禮貌，對方較容易接受。有些人甚至會用討論的方式問：「有件事想找您討論。我現在手邊工作太多忙不過來，可以拜託你嗎？」聽你這麼說，對方如果剛好是個樂於助人，就算自己幫不上忙，也會跟你一起想辦法解決，例如：告訴你：「要不要去拜託○○先生？」或「等一下我叫大家一起幫你。」

2 明確讓對方知道好處與理由

❖「如果你能幫我，就……」、「因為……，所以非常需要○○先生您的協助！」

具體說出幫忙對你、他、或公司有什麼好處。如能用具體的數字說明效果，讓他知道「現在是……的狀況，如果你能幫忙，能節省約○○的時間。」將會更有說服力。

3 了解對方狀況，是否適合麻煩對方

✣（觀察對方目前的狀況）

「請問您現在有空嗎？」

對方看起來很忙或行程很緊湊，你的拜託只會被拒絕。記得要多觀察要拜託誰，以及該何時去拜託比較好。告訴對方：「有件事情大概花十五分鐘能完成，不知道可不可以拜託你？」讓他預先知道要花多久的時間，也是不錯的方法。

小提醒「拜託」

「都是為你好」把自己的工作丟給別人做

「這件事對於你的成長很有幫助，我認為你要好好做！」

主管或長輩義正詞嚴地說：「這一切都是為了你好。」但事實上根本是自己不想做或想將工作丟給員工，再好的員工，心裡都會覺得難以接受。用「我覺得你最好還是做吧！」或「我認為你應該拒絕不掉。」等方式說話，會引起反感。想拜託對方幫忙你該做的事時，不論對方是員工或晚輩，也要放低姿態：「可以拜託你幫忙嗎？」

17

指示

達成正確結果的「下達指示方式」

＊正確傳達「目的」與「目標」

「店長，你下的指令太多，我們都被搞糊塗了啦！」

這是我在UNIQLO擔任店長時，說明商品陳列方式，工讀生對我說的話。以前都沒意識到，但他講的還真對。

「把這個搬到那裡，把那邊倉庫的襯衫墊片拿到這裡放！」過去的我，習慣用只有自己聽得懂的語言說話。因為用手指東指西，動作太快，反而讓人一頭霧水。

我非常感謝這位糾正我的工讀生。

因為他讓我學到「**必須要站在對方的立場去『下達指示』**，否則很難得到心裡想要的結果。」

下指示的時候，心中都會有張預先畫好的完成圖，「希望對方能怎樣或怎樣做」但接到指令的人，他們收到的卻只有我們提供的「話語」資訊而已，自然無法產生畫面。每個人的個人特質、成長環境與所受教育都不同，會產生各種不同的圖畫。十個人，就

可能有十個不同的圖畫。

所以話說得不夠清楚，或只是隨便用「這個」、「那裡」等話語來下指示，會讓對方因誤解導致作業方向錯誤，導致得白費工夫的情況。

下達指示的重點在於，必須明確傳達「目的」與「目標」。

目的，是要讓人了解「為什麼要做這個工作」。

目標，則是要讓人知道「我們希望這份工作最後能做成怎樣」，亦即完成圖。至於中途「究竟該用什麼方法或該怎麼做」，對於工作尚未駕輕熟的人，我們應該具體告知，盡量以引導的方式，讓他們自己找出方法。

因為如果你將方法從頭到尾都告知，對方會忘了動腦，少了你的指令便完全做不了事。任員工去發揮，有助工作意願的提升。

雙方擁有共同的目標，指示幾乎都會達成。

想要創造共同目標，必須站在對方的角度，以簡單易懂的語言，將必要的資訊具體明白地傳達給對方。確認對方是否完全理解很重要。

進階級 ❖受歡迎的【下達指示】技巧❖

1 以具體的數字或表現，傳達主觀上的感覺

❖「請幫我印幾份」⇒「麻煩幫我印三份」

「很多」、「稍微」、「隨便」等不清不楚的表現方式，將導致「這不是我要的」結果。記得將「下午前」、「明天前」等模糊指令，改成具體的「下午三點前」或「明天五點前」。

2 分享工作訣竅或自己的經驗

❖「照……做，應該會容易些！」、「重點是……」

放手讓對方「試著用自己的方法做看看」，會更加認真與投入。將重點、訣竅、注意事項等提醒對方，就能避免錯誤的產生。分享自己的經驗，提醒對方：「我是因為……才失敗，你要多注意喔！」甚至直接做給他看也無妨，這樣對方腦中會更容易產生具體感。

3 目的要明確，正確傳達必要資訊

❖「這麼做是為了……。」

「目的」不同，做法和目標，都會跟著改變，記得要明確讓人知道「為什麼要這麼做」。提供一切必要的資訊，並以逐條列舉的方式寫成郵件或留言紙。為了確認，請對方複誦一遍作業內容。

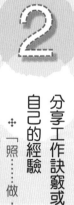

4 中間要確認進度及完成時間

✣「請在事情進行到一半的時候，向我報告！」

下達指示，之後放任不管，有時事情會朝錯誤的方向發展，因此，依據事情的內容，過程中可多加確認，直到完成，待目標完成，要記得用「你做得真好！」或「非常感謝你！」等讚美或感謝語，慰勞對方的辛苦。

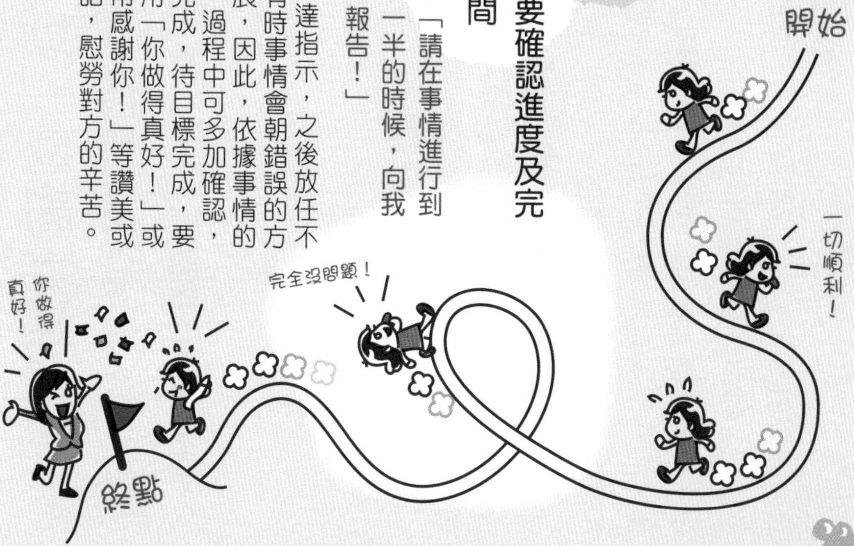

小提醒「指示」

「啊！剛剛的指示作廢。我想還是用其他方法來做！」

指示一改再改

這種人未經深思熟慮就倉促決定，一而再再而三的改變，經常使眾人感覺無所適從，造成許多無謂的浪費。記得要提醒自己，若經常推翻自己的言論，會像放羊的小孩，失去眾人的信任，被質疑「又來了！」因此，等最後的決定再下達指示，才是明智之舉。對於這種人，我建議接受指示的一方，可將內容做成文書，並跟對方確認：「您講的是這樣嗎？」若時間充裕，甚至能將事情先擺著，等過一陣子再做。

18

感謝

以「感謝」建立人際關係

＊「肯定」是人際關係的最高境界

假設有一天，突然有人請你去幫忙影印，你好不容易做完，把文件交給他時，對方居然說：「字跡看起來好淡。啊！算了！」，你心裡作何感想？

雖然不是自己的失誤，內心會覺得不舒服：「虧我那麼急急忙忙地幫你完成，你犯不著把話講成這樣吧！」

不管發生什麼事，沒有人喜歡被否定。

「感謝你啊！你幫了我一個大忙。字跡好像有點淡，下次可以注意一下喔！」

開始先表達感謝，就算後面用「否定」語，對方也會誠心接受。

「感謝你」三個字，代表「我肯定你」是最高境界的「肯定」。

不管是在被督促、被拒絕的時候，或被埋怨的時候，聽到一句「謝謝你」會感到欣慰。事實上，「謝謝」一詞，並非單純用來表達對他人的感謝而已，同時有助於自我保護，度過危機。

對於平常的瑣事或一些理所然的事情，更應該要表達「感謝」。

如果你能對每天幫你打掃或配送郵件的人說：「感謝你一直以來的付出。」對方聽了會很高興。一定會對你產生好感，想說：「這個人真好。」將來有機會，必定會為你效勞。

我曾從別人手中拿過點心、受傷時得到OK繃等，受到各種的照顧，身邊有這些人對我們溫柔體貼，會感到無比的輕鬆與安詳。

還有一點，「感謝」的效果，除了對方，我們自己的心情，都會跟著變得神清氣爽。對於我們自己不喜歡或不對盤的對象，哪怕是再微不足道的事，我們對他說聲「謝謝」**你會發現自己的器量變得好大，有多餘的空間可以接納對方。**

人際關係不再緊繃，能以平常心與他人互動。

這就是感謝所激發出的正面力量。

POINT!★只要有人為我們做事，都要記得說「謝謝」

進階級 受歡迎的【感謝】技巧

1 「打招呼＋感謝」心情放鬆

✣「早安！謝謝你昨天陪我到那麼晚！」

再平凡無奇的打招呼，加點讚美語，感覺也會很有心。進一步，若再多問：「搭電車會不會很辛苦。」表現出自己關心，跟人道別時，要記得加點感謝，告訴對方：「今天很感謝你辛苦你了！」

2 「感謝＋效果或感想」具體表達謝意

✣「非常感謝您，托您的福，聽到您一席話，真是讓我受益匪淺。」

對方為我們做的事，若能在致謝時，加上「讓我好開心」、「讓我覺得……」或「……很棒」等感想，這樣的感謝會更有真實感，更能打動對方的心。講完「謝謝」，再用「托您的福」來連接，整段話說起來很順暢。

3 感謝要分成兩次

❖「非常感謝您前一陣子，給我面試的機會！」

表達謝意，當場要說一次，以後見面再說一次。如果是主管或同事，在隔天早上打招呼的時候說，偶爾才見面，則留下次見面時再說。如果跟對方暫時不會見面，或對方幫你做了件特別的事情，則要記得發郵件或寫謝卡表達感謝。

感謝你

這樣對嗎？
手機

小提醒「感謝方式」

❖別人快忘記 你才說「謝謝」

「感謝你在兩個月前送我禮物！」

「一直想著要講，但事情一忙就不斷拖延」大多數人都容易這樣，就算再怎麼努力去想，沒化成具體的言語，時間一久，會讓對方覺得「你並不高興」。表達謝意最重要的是時機。先別管該送什麼好禮或要如何寫謝卡，第一步要做的是，立刻表達謝意。簡單一句「謝謝」最令對方開心。

現在才說太晚了！
已經過期了！

19 與討厭的人相處

＊怎麼看世界，世界就會回報同樣的態度

在職場上都會有讓你覺得「很討厭」或「合不來」的人。

但是，討厭對方的感覺，會自然傳遞給對方，這對人際關係，絕對不是件好事。

請大家一定要了解，「討厭他人」的感覺，對自己一點好處都沒有。你之所以備感壓力，問題其實不在對方，而是因為你無法接受對方。「**我們無法改變別人**」是最真實的道理。除非自己有想改變的意願，否則誰都改變不了。

所謂的「討厭」是因為你太「執著」於對方某一部分。

事實上，對方之所以讓你討厭，只是現在的他「剛好」或「碰巧」讓你看見他不好的一面，那並不是對方的「全部」而是「一部分」，所以你把他想成「好像不大知道該如何跟他相處」，陷在負面的情緒中，實在很浪費時間。

還有，別讓自己站在競技場上和對方較勁，請放寬心胸，把自己當成觀眾去「觀察」對方。「性格乍看下有點難搞，但相處久了，說不定會發現他也有『溫柔的一

面』、『工作能力很強』，必然有值得學習的地方」等，耐心看下去，或許你會看到對方好的一面，雙方關係可能會變好。人際關係，隨著時間，必然會有所改變。隨便認定「對方很討人厭」實在是個損失。**因為這個人不知哪天，或許會成為「對你而言非常好」或「能成就你」的人。**

人的內在，混雜著許多面，有好的一面與壞的一面，受人歡迎的一面與令人討厭的一面，值得尊敬的一面與讓人不齒的一面。想要對方用哪一面跟你相處，一切都在於你的表現。因為你的態度，可以讓一個人變成「好人」也能讓他變成「壞人」。

不管是誰，對於討厭自己的人，喜歡自己的人，願意對自己敞開心胸的人，信賴自己的人，會有正面的態度，因此，別人對你的態度，其實都是你內心的寫照。

進階級

受歡迎。「別人討厭我嗎？」

【與討厭的人相處】

1 主動微笑打招呼

❖「〇〇先生，辛苦了，今天應該累壞了吧！」

就算你再怎麼討厭與閃躲，關係還是不會變好，不如主動出擊。不用太刻意去找話題，不經意跟對方打聲招呼，表達感謝或關心慰勞等，氣氛會有所轉變。「主動」找對方攀談的勇氣，是開啟雙方關係的鑰匙。

2 可從對方喜好的事物或共通點切入話題

❖「前輩養的小貓咪最近好嗎？」

跟對方聊喜歡或有興趣的事物，他會因為「你好像很了解他」而感到開心，或告訴他：「我發現了一家很好吃的義大利餐廳喔！」聊聊彼此的共通點，會讓你們變得更加親近。

3 讓人看見你的弱點或失敗經驗

「我很怕冷，冬天沒有保暖肚兜，根本活不下去！」

讓別人了解你無意跟他競爭。透過敞開心門，讓人看見我們的缺點，對方會解除對你的心防。要注意如果你提到的是自己真正的弱點，或許會讓有心人逮到可趁之機，藉此擊敗你。

我很愛用「保暖肚兜」喔！
你看！
我知道了！你不用翻開來給我看啦！

小提醒「說話技巧」

愛挑毛病，說話老是抓著對方弱點不放

「不出我所料，你果然犯錯了！我本來就懷疑你沒有心要做。」

對自己不喜歡的人，用失敗或缺點展開猛烈攻擊，多半是自我為中心，心態欠缺柔軟性。就算講的都是實話，還是會傷害到對方，樹立更多的敵人。越是覺得不好，我們越要像「心胸寬大的人」貼心地問：「你還好嗎？」或「你不要擔心啦！」如果你身邊有這種愛挑毛病的人，記得她的話聽聽就好。

20

會議

正確的「會議說話方式」

＊開會目的是要獲得最佳結論

會議中的說話方式很重要。

抓不到發表意見的適當時機、不想說像在否定他人的意見，因害怕被人反駁而不敢提出意見等，都會讓人無法踴躍提出具有建設性的意見，拖拖拉拉浪費時間，卻得不到任何有用的結論。所以「沒出席必要」的會議，其實很多。

對於這種狀況，不知該如何在會議中發言的大人們，可以參考一下芬蘭小學五年級生的「討論規則」：

1 不打斷別人的發言
2 說話時不要拖拖拉拉
3 說話時別生氣或哭泣
4 遇到不懂的事要立即提問
5 聽別人說話時要看著對方的眼睛

6 聽別人說話時不可做其他事情

7 對方說的話要確實聽完

8 不隨便下結論

9 無論是怎樣的意見都要接受

10 討論結束，不可再要求重新檢討

這套規則完整呈現出「會議應該遵從的規則」。

不僅提醒什麼是開會禮儀，還讓人明白開會最主要的目的，在於「得到最佳的答案」，自然要做到「好好聽對方說話」、「說話時要簡潔合邏輯」、「充分了解討論的內容」、「感覺與意見要分開」、「不管怎樣的意見都有它的優點」等。

我們都太在意周遭其他人的想法，或過於想保護自己，才會忽略這10個最重要的目的。

既然出席會議，就要積極參與討論，勇於發表自己的意見，再從中找出最佳的答案。參與會議，如果能貫徹這一點，會更有意義。

進階級 受歡迎的【會議說話方式】

1 開會前，要先充分了解會議內容，做好準備

「關於……一事，我將自己所做的調查，提出意見如下：」

什麼都不準備就去開會，會議會在你尚未搞清楚狀況前就結束。倘若能在開會前，先了解會議的內容，將「不明白之處」或「自己想要發表的意見」都先逐條記錄下來，做好相關調查，意見發表起來會容易很多。

小提醒「會議說話方式」

說話經常脫離主題

「這麼說來，以前曾經發生過這樣的事。真是令人懷念……啊！以後我們要……。」

像在跟人閒聊，脫離主題，代表他根本沒把開會目的放在心上。因此，會議開始時，要設定時間，讓大家知道今天有哪些事必須做出結論，有人脫離主題時，儘快以「總歸，大家的意見是……」、「來，讓我們進入下一點……」導回正題，交給主持人或會議記錄者來處理，是一個不錯的方法。

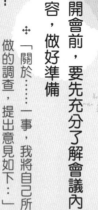

2 發表意見時，要看著所有人的臉，說出自己的「意見＋理由」

✣「我認為……理由如下……」

發表意見時，記得要看著所有參加者的臉。將重心擺在主持人與會議中重要關鍵人物身上，以低沉而略大的嗓音說出自己的意見，更能獲得大家的信賴。

3 可先就手上現有的資訊或想法發表意見

✣「雖然我的心中還沒有定案，但……」

還沒有明確的意見，沒必要強迫自己硬擠出答案，可試著將部分意見或相關資訊傳達給大家，讓人知道「我的想法是……」或「關於……一事，我十分贊同○○先生的想法」等，盡量讓自己多參與討論，這樣比單純回答「我不知道」還要來的積極而獲得好評。

4 意見要先下手為強

✣「可以讓我先發言嗎？」

最先舉手，獲得的評價往往最高。做第一位發言者確實需要勇氣，但在一旁尋找適當時機，等著第二位或第三位發言者，反而還比較困難，有時看著大家輪番發言，要不是「自己想講的事通通被人搶先」就是因為聽完對方的發言，而「改變自己要講的事」，但如果與會人數不多或已有發言順序則例外。

21

自我介紹

讓人印象深刻的「自我介紹」

＊留下好印象

剛到新的職場或部門報到、分組作業、參加研討會、研習會、私下進修或參加社團等，都有許多在眾人面前自我介紹的機會。這時候，**用制式化的方式去介紹自己，會讓人沒有印象**，例如：告訴人說：

「嗯……我的名字叫橋本。有許多事情都不是很懂，還請大家多多指教！」**會讓人連他的名字都記不住。**日後碰面，會完全想不起「他究竟是怎樣的人」而找不到話題跟他聊。

自我介紹的目的，是為了方便將來與人聯繫，因此，要告訴對方「我是怎樣的人」，留下印象，營造讓人容易親近的氣氛。

做到下列三點，就算達成自我介紹的目的。

1 讓人產生好感

2 讓人記住姓名與長相

3 讓人留下印象

能否「讓人產生好感」取決於剛見面的十秒鐘。面帶笑容，好好跟人打招呼說：「初次見面」、「早安」你就成功了一半。

想要「讓人記住名字」最後必須再度重申自己的名字。就算一開始已講過「我是齊藤優子。」等，但在對方對你一無所知的情況下，很難將你的名字記起來。

因此，建議大家做完自我介紹後，最好再用「請大家記住，我是『熱愛大自然的天然派齊藤』喔！」（宣傳標語般）或「想知道美食情報，請記得來找齊藤！」（擅長的事）等，**結合自己本身特色，再次說出自己的名字**。

想要「讓人留下印象」最有效的方式是要出人意料，例如：告訴大家：「別看我皮膚黑，我可是札幌人喔！」或「周末假日我都會去跳佛朗明哥舞放鬆一下！」提供跌破眾人眼鏡的資訊，對方會將你的姓名、長相及關鍵字等全都串連起來。

自我介紹，請盡量控制在一分鐘內，內容集中一、二個重點即可。如果太想讓人了解自己，而東扯西扯一大堆，反而會讓人對你沒印象。只要製造出讓每個人都能輕易記起的特徵即可。

進階級 受歡迎的【自我介紹】技巧

1 預先建立工作或私人的基本介紹方式

✣「過去我做過……工作。今後希望朝……目標去努力。」（工作上的自我介紹）

跟工作有關的事，介紹的重心必須放在工作經歷、擅長領域與今後目標等，個人有關的資訊附帶一提即可，私人聚會，則要多說說自己的興趣、專長、不為人知的一面與可能會引發大家討論的故事。以一分鐘為限，事先多做練習，遇到突發狀況，就能從容不迫地做好自我介紹。

2 強調有哪些地方自己幫得上忙

✣「禮物等的包裝，交給〇〇（自己的名字）我來做吧！」

如果雙方是工作上的關係，建議多談談自己的工作經驗。即使工作上沒什麼幫得上忙的，提供「溫泉有關的情報」、「幫人打包行李」、「肩頸的穴道」等，略盡棉薄之力。

表現「想要幫得上忙」的心意能提升對方對你的好感。

午餐的事，請放心交給這位前輩去處理吧！
你未免太多事了吧！
Bravo

3 小心別自我膨脹

❖「到美國留學時，我TOEIC®考了九百多分，現在愛看韓劇，得重新學韓文。」

宣傳自己的功績或專精領域，會給人自誇的感覺，稍微自貶身價，講些令人莞爾一笑的失敗經驗或弱點，「個性會變得更受人歡迎」。

把自己包裝得太好，容易給人距離感，懂得放下身段，會讓人感到親近。

小提醒「自我介紹」

♣讓人不知該如何反應的自我介紹

「在不斷找工作、找結婚伴侶的過程中，一晃眼我已經四十幾歲了。」

想講些自我解嘲的事，請務必留意：「我說這些話，對方有辦法回應嗎？」提醒自己要夠開朗、夠坦然，對方才可能笑得出來。

留意別人是否有跟你相同境遇很重要的。盡量避免提及年齡、身體特徵等話題，加進一些正面的元素：「別看我個頭小，但聲音可是相當宏亮喔！」能給人留下不錯的印象。

自我介紹
（說話清晰，不著急）

打招呼

「你好」、「初次見面」

※開朗而有活力地行禮，心情保持輕鬆

中間隔2……3秒

※等待對方的回禮

姓名

「我叫山田櫻子」

※要講全名

※難懂的字，要告訴大家該怎麼寫。

自我宣傳

依據不同目的，選擇自我介紹的主題……………

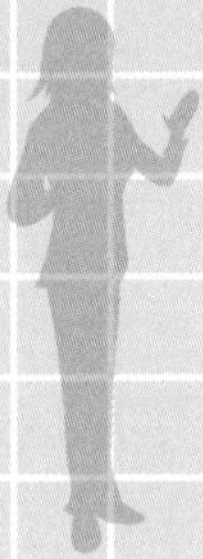

★擁有自我宣傳標語，更受人歡迎！

～運用自我介紹與名片等，加深對方對你的印象～

超簡單！自我宣傳標語的製作方法

1 將你想到，能用來表現自己特徵的字詞（名詞、形容詞或動詞都沒關係），通通寫到紙上

※以三十個為目標

※工作、性格、出身地、喜歡的事物、擅長的項目、信念、興趣、立場、自己的過往、願望等

※不限正面的事，負面的事可以寫

【例】信州人、喜歡桃子、平民小吃、系統工程師、個性隨緣、HIGH咖、笑容、奔跑、跌倒、照片、旅行、部落格、媽媽、害羞、愛說話、熱血……等

2 圈出你認為最能「表現自己」的特徵（五個以內）

【例】療癒系、救火隊、教師、樂天派、挑戰家、編輯等

1.（工作）如：工作經歷、專業領域、今後目標、有用之處、信念、失敗經驗與宣揚理念等。

2.（私領域）如：出身地、興趣、專長、喜歡的事物、出人意料的一面、失敗的經驗或故事等。

3.（座談會等）如：參加動機、最初的感想等與該聚會有關的主題。

※將話題集中在一個主題與一個附屬主題，更容易表達。

姓名

藉由「請記得我是……的山田喔！」或「……時，請記得找我喔！」等，再次重申自己的姓名

打招呼

「請多多指教！」

「非常感謝大家！」

※微笑行禮

「初次見面！我叫山田櫻子。過去我所從事的工作，多半以進度管理、會計事務與接聽電話等為中心。我的做事哲學是『開朗、快速與仔細』，希望能儘早為各位效力。私底下的我非常喜歡瑜珈，一有時間，不管身在何處，都會忘情地擺起瑜珈姿勢，經常讓不知情的人嚇到。有預防肩頸僵硬及改善腰酸的作用，想要放鬆一下的時候，別忘找我喔！還請大家多多指教！」

3 將所圈出的字詞，結合其他字詞，編成口號

※重新編排字詞，變得更順暢、更有節奏感

【例】「能歌善舞的療癒系教師」、「喜歡落語（※譯註：日本傳統表演藝術，類似單口相聲。）的樂天派」、「平民小吃的擁護者」等

※具備「驚奇度」與「衝擊性」讓初次與你見面的人，覺得你很「有趣」或因此對你產生興趣。

※多做幾個給朋友看，加上客觀的觀點，會讓標語變得更為完整。

22

演講·準備篇

「精彩的演講」需事先準備

＊信心來自萬全的準備

大家眼中的「精采演說」究竟是怎樣的演說？

過去，在學生時代上課、參加研討會、講座、會議簡報或宴會來賓致詞時，一定都有過「希望趕快結束」、或因內容太過無聊而打瞌睡的經驗。

其中也有不少讓人驚覺時間一晃眼過去，感到「受益匪淺」、「茅塞頓開」或「有趣」的「精彩」演說。

聽眾會有「真是場精彩演說！」的感覺，是因為他們通通都沈浸於演講者演講的內容。聽講者與演講者之間的距離相近，演講者能站在聽眾的角度去說話，說出來比較容易懂。

相反地，一場演講之所以讓人覺得「不精彩」，是因為演講者與聽眾之間有距離，說話東扯西扯，不斷變換話題，或發言不適合，有太多明顯的缺點就稱不上「精采的演說」。

沒有人會期待一般人像新聞主播，可以流暢且口齒伶俐地進行「優秀演說」所以我們在**演講時並不需要有多大的驚人之處**。聽眾需要的只是，「能稀鬆平常說出有用有趣的內容」而已，最後能讓人感到「精彩」，就代表演說是成功的。

想要「說得精彩」就要有所準備。有句話叫做「八分靠準備、二分靠行動」，**演講的成功與否，「在準備階段已決定了八成」**一點都不誇張。

準備是否周全，或隨便為之，從演講者的自信度便可窺探出一二。結構不夠緊密、資訊不夠充足，或時間分配不等，種種準備不足的表現，都會讓好好的一場演說變得支離破碎。

不管是誰，站在眾人面前都難免不安，但做好萬全準備，就能自信去面對一切，就算講到一半突然忘詞，稍微看一下大綱，也能繼續講下去，甚至還能觀察聽眾的反應，改變說話方式，做適度的調整。

確實做好準備，真正上場時，會更有「渲染力」。

進階級

受歡迎的【演講準備】技巧

1 充分了解「說話的目的？」

有人拜託你去演講，就必須充分了解主辦單位的用意，如：「為什麼要拜託你」或「他們期待你講些什麼」。如果是三分鐘的演講，或許希望你「講幾句話」，結婚典禮，可能期盼你能「祝福新婚夫妻」，研討會，則希望你能「激勵與鼓勵大家」各種目的都有。把「最終的目標」決定好，才能開始進行準備。

小提醒「演講準備方式」

不會分配演講時間

「沒有時間了。雖然有點匆促，讓我做個總結吧！」

有時我們會遇到一些因時間不夠，而被迫提前結束的演講，感覺像是硬生生將話題截斷般，多半給人不太好的印象，因此，請務必預先做好時間分配，並記錄到備忘錄中，請事先準備該強調的重點，以及如何做總結。

2

要掌握「聽眾的特質」

舉例，同樣是講「時間管理」會因為你要講的對象是資深員工或菜鳥，男生比較多或女生比較多，職業種類，或聽眾人數的多寡，而改變說話的內容。若聽講者不懂主題，記得多提供補充資料。如果對方比自己年長，或熟知演講內容，最好能多講些獨特和出人意料的事。

3

「對方想聽什麼」比「自己想說什麼」重要

有人對於「什麼？」、「原來如此！」、「好有趣喔！」等反應，都會很樂意去聽，關鍵在於，你能引領大家做出多少這種反應。請先以「如果是我，我想聽到什麼？」的角度，去預測聽眾的反應，再來決定演說的內容與架構。有鑑於人的腦袋一次塞不下太多東西，請將重點濃縮成三個。

◉成為演講高手！

演講的準備流程

1 決定主題

決定演講的主題
重點１「為什麼而講？」
重點２「為那些對象講？」
重點３「對方想聽什麼」

2 蒐集題材

依據主題寫出演講的題材

這裡要多花點時間！

將主題寫在紙張的正中心，四周則列舉出各種題材（詳見下一頁的圖表）

※找人聊聊，對靈感的增加及思緒的整理很有幫助

3 做結論

做自己想要的結論

※不管過程中蒐集到再多的資訊，最後的結論一定要是自己想出來的！

4 思考架構

將重點大致區分成三部分

※別想講這個又想講那個，當機立斷，將一半以上都刪除，演講的內容會更為深入，更完整。

5 製作演講筆記

依據結構大綱，使內容豐富，整理說話順序，條列出來（↓一三〇頁）

※指逐條逐項列舉，而非製作演講稿。請運用⇒○△等記號。

※字寫大一點，方便演講時觀看。

6 練習演講

發出聲音練習，直到自己覺得「準備好了」為止。

※發出聲音才會知道自己那些地方需要調整，進行變更。

※找人聽講排練，提升自信。

※確認時間該如何分配，並寫到演講筆記中。

〈有助於題材蒐集與建立架構的「演講筆記」〉

※將結論以紅色框起來。

※將想講的重點分成三部分，並用不同的顏色圈起來。

請將內容寫在A3大小的紙上！

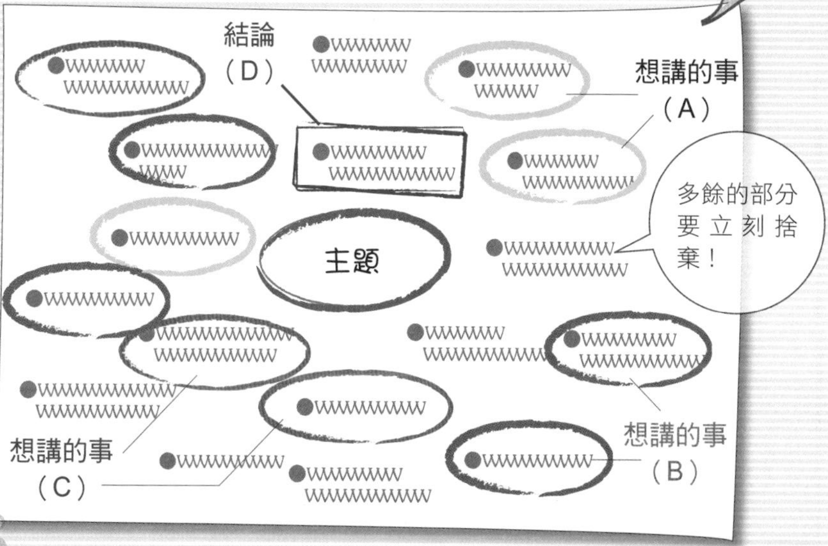

◉簡潔！易懂！

建立演講架構

四十六頁用過這個方法。將說話內容先分成ＡＢＣ三部分，再做出Ｄ結論。

【例１】Ａ（序論）⇓Ｂ（主題１）⇓Ｃ（主題２）⇓Ｄ（結論）
【例２】Ａ（現狀）⇓Ｂ（對策）⇓Ｃ（問題點）⇓Ｄ（結論）
【例３】Ａ（起．導入）⇓Ｂ（承．主題）⇓Ｃ（轉．其他觀點）⇓Ｄ（合．結論）
【例４】Ａ（序論）⇓Ｂ（報告１）⇓Ｃ（報告２）⇓Ｄ（結論）
【例５】Ａ（結論）⇓Ｂ（理由）⇓Ｃ（證明）⇓Ｄ（結論）

◎重點
☆你可以用「現況是Ａ，用Ｂ在對應，但出現問題Ｃ，所以個人建議是Ｄ」或「起因是Ａ，調查後發現Ｂ，從另一個角度來看則是Ｃ，我的見解是Ｄ」等方式，來串聯每一個句子。

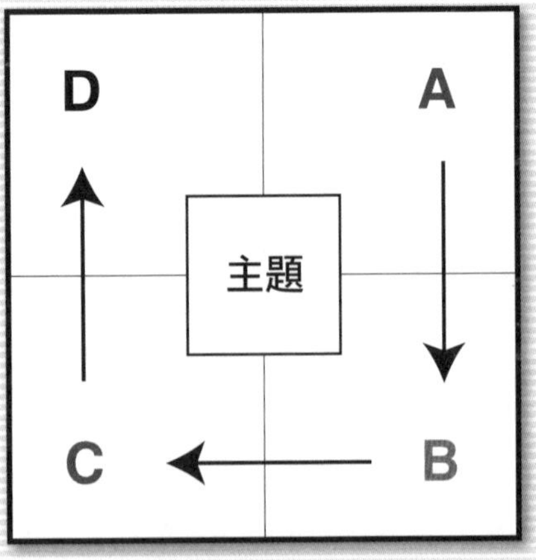

◉組織！

完成「精彩演講」，製造五個亮點

1 加入新鮮而有趣的事，讓人驚呼連連

2 加入故事或親身經驗，讓人感到真實

3 艱澀難懂的事，加入例子說明，讓人更容易理解

4 意見或評論要附上理由，才會具有說服力

5 模糊不清的事，要加入數字或專有名詞變具體

※把自己當成聽眾，質疑自己：「這點我不懂！」、「比方說呢？」、「為什麼？」來思考如何因應。

◉簡潔！易懂！

製作演講筆記的方法

※由關鍵字開始聯想，讓原本的內容變成文章。

假設關鍵字是「晉升條件」，可以用「想要符合晉升條件，必須配合公司做職務異動，上班時間要更有彈性，因此，多數的女性。以我自己的朋友為例……」等描述方式，來連結各個句子。

為了讀起來更輕鬆（粗體字＋顏色區分）

列舉關鍵字

題目：女性職場現狀與未來課題

A 現狀（5分鐘）

● 業者佔41.4％、管理職佔10.1％←晉升條件、成果主義、家庭

● 待遇落差66％←性別分工、派遣人員

● 生產完約7成離職→M字曲線*

B 課題（10分鐘）

● 公司（上班時間、重回職場）

● 政府（制度、托兒所）

● 家庭（家事分攤、意識改革）

C 對策（10分鐘）

※第3次男女共同參與基本計畫（2011/12/17）

配額制度、公務員30％、男性育嬰假1.72　13％※女性經濟・挪威的例子

D 總結（5分鐘）

工作方式彈性化、意識改革、制度、社會福利安全網

決定各個符號所代表的意義

← 原因

→ 所以

⇔ 同樣地

※ 補充

數字或專有名詞要正確

◉照稿子念，渲染力降到零！

不該把演講筆記當成演講稿的五個理由

1 專注看演講稿，忘了看聽眾

2 逐字逐句念，失去說話該有的抑揚頓挫

3 不知道自己進行到哪裡

4 很難靈活調整時間或結構

5 說話沒有感情，不具說服力

23

掌控

這樣說「掌控」人心

＊說話嚴肅令人無趣

你對於聽過的事，有多少會留在記憶中？

事實上，絕大部分都只是聽過，根本不會留下什麼印象。

除非這些話讓我們印象深刻，或在聽完話，我們有做什麼動作，如：複習、實踐或轉而教其他人等，否則，只會被埋藏在記憶裡。一場演說就算講得再好，事後被人問起：「究竟是在講些什麼啊？」絕大多數一定還是會語塞。

特別是演講或演說等，內容多半較為理性與嚴肅，不太會有感情的波動，往往會讓人聽得昏昏沉沉，注意力越來越不集中，甚至開始去想別的事情。

站在演講者的立場，最好要先有認知，了解聽眾並非都會專心在聽講。演講者對演講的內容縱然有想法與理解，但對聽者，卻是全新的事物。

過去我在到處演講時，曾遇過這類慘痛的經驗。「為了讓聽眾能滿載而歸」因此事前投入無數的熱情，加入許多內容，重複練習多次，等到真正上場時，卻發現聽眾的反

應不如預期，很多人都睡著了，甚至還聽到聊天的聲音，就算趕緊說幾個笑話炒熱氣氛，大家還是不買單，有時甚至會有好想快點下台的想法。

有一天我決定豁出去，不再講事先準備好的內容，轉而提發生在自己身上的事，我告訴大家：「別看我現在意氣風發地站在這裡講話，其實我在兩年前，曾經落魄到沒錢、沒工作、沒地方住。」不僅睡覺的人全都醒了，連正在聽講的人眼神都變了，整個會場瀰漫溫暖的氣氛。所以我發現—**嚴肅會讓人覺得無趣。聽起來輕鬆而有趣的「閒聊」才能「掌控」人心。**

演講時切合主題固然重要，為了讓人能聽得下去，要適時地在演說中加入能「抓住」眾人注意力的事例。雖說是技巧，但不是多難的事。運用下一頁中的五項重點，能輕鬆「掌控」人心。

進階級 受歡迎的【掌控人心】技巧

1 共鳴 令人贊同

✣「天氣這麼冷，我都想把棉被翻出來蓋了！」

・天氣、季節
・最近的新聞話題
・個人感想

2 反差 疑問吸引注意

✣「事實上地球是紅色的！」

・顛覆一般認知，讓人覺得「不會吧！」
・讓人摸不著頭緒
・令人吃驚的資訊
・與一般認知抵觸的說法

3 敞開心胸 讓人看見真正的自己

✣「我因為工作太過賣力，所以現在有五種病痛纏身。」

・讓人吃驚的實際經驗
・能夠引發聽眾共鳴的經驗或想法
・誠實而不矯情的態度

4 視覺刺激 運用新鮮有趣的素材，創造歡樂的氣氛

✣「請大家看看這邊，是不是很有趣啊？」

・照片
・表格、曲線圖或插畫
・實際的物品或聽眾能摸得到的東西

5 「提問」與「互動」

讓聽眾有參與感

❖「接下來，我要問問題囉！
假設彩券中獎，你要怎麼花呢？」

- 用問題或謎語讓大家思考
- 跟座位最前方的人對話
- 跟看起來特別的人對話
- 創造分組討論的情境
- 依照主題想像
- 讓大家的身體動起來（如：做個體操轉換心情）

小提醒「掌控方式」

誤以為激烈的批評能掌控人心

「日本的官員最沒水準了……」

毒舌批評時事或說名人的壞話等，確實能在短暫的時間讓整個氣氛變得高昂，但如果只會批評，會讓人對說話者產生質疑。批評或說壞話，只有讓人感覺正面時，才會被允許。

「刻意製造的笑料一點都不有趣」

應場合的氣氛
創造和諧感

不習慣說笑卻刻意製造笑料，效果不會好。不懂掌握笑點，演講效果當然不理想。

如果笑料選擇不當，氣氛會變得更凝重。除非你有自信覺得這個笑話大家一定會買單，否則先別預設立場，說話時講些有趣的事，「有人笑就算賺到」。

「掌控人心」的流程

A 打招呼

一開始聽眾的注意力很集中。在最初的10秒鐘要讓人覺得「你是個不錯的人」。打招呼時笑容滿面且充滿活力。環顧四週，再吸口氣，鎮靜下來。

B 自我介紹

先做個簡單的自我介紹。這會舒緩緊張，讓人感覺親近。能讓人產生好感，會更專心聽講，演說會進行的更順利。多聊聊自己出人意料的一面或能引發共鳴的事，藉以創造融洽的氣氛。

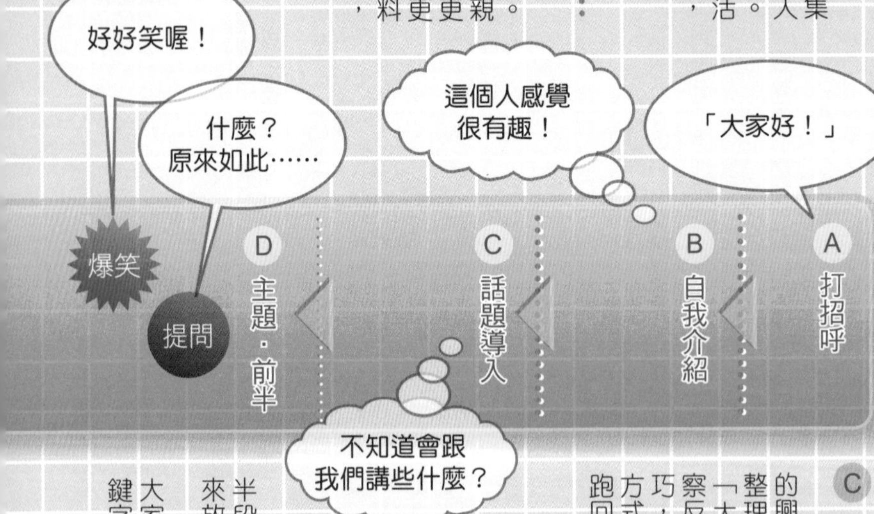

「大家好！」
A 打招呼
B 自我介紹
這個人感覺很有趣！
C 話題導入
不知道會跟我們講些什麼？
D 主題・前半
提問
什麼？原來如此……
爆笑
好好笑喔！

C 話題導入

說明此次演說的重點，來吸引眾人的興趣。與其說：「今天我們要講的是整理收納。」不如詳細跟聽眾說明：「大家知道最近很流行斷捨離嗎（觀察反應）？今天我不只講整理收納的技巧，還會跟各位介紹整理心情與想法的方式。大家聽完演講，說不定會想立刻跑回家去整理喔！」

D 主題・前半

主題的出場方式很重要。「家裡亂七八糟，等於腦袋亂七八糟」，用稍微具有衝擊性的話或出人意料的小故事等開始。在聽眾的注意力都還很集中的前半段，加入本身的經驗或向聽眾提問，來放鬆現場氣氛。

千萬別一個勁自顧自的講，要告訴大家說：「這裡很重要喔！」重複提關鍵字，停頓一下再講，吸引聽眾注意。

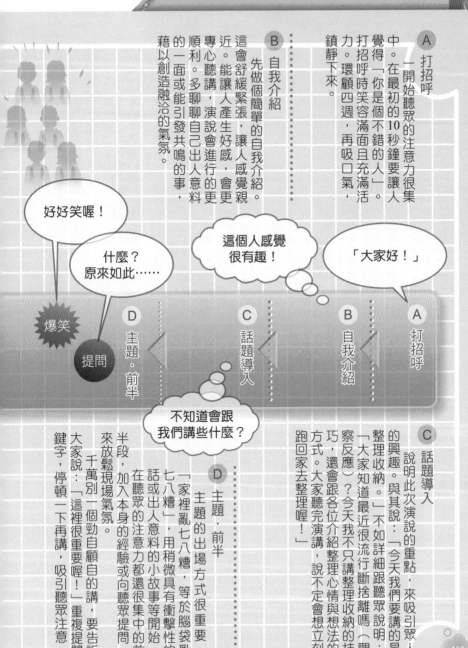

E 主題・後半

聽眾的注意力變得越來越無法集中，此時可加入視覺的刺激或實驗，提出引發共鳴或的事，來吸引眾人的注意力。如果聽眾都已昏昏欲睡，可以讓大家站起來做些提神的體操或工作。但千萬別脫離正題太遠，還是要儘快導向結論。

F 結論

「讓我們來回顧一下今天的重點！」簡單複習演說內容，能提醒聽眾，讓記憶變得更為長久，再說聲：「最後，有個作業要大家回去做！」（大家聽到可能會覺得很訝異）「不用擔心。這個作業不用交沒關係。請大家今天回去把自己認為最不必要的東西丟掉！」促使聽眾展開行動，能讓演講留下實質的「成果」。

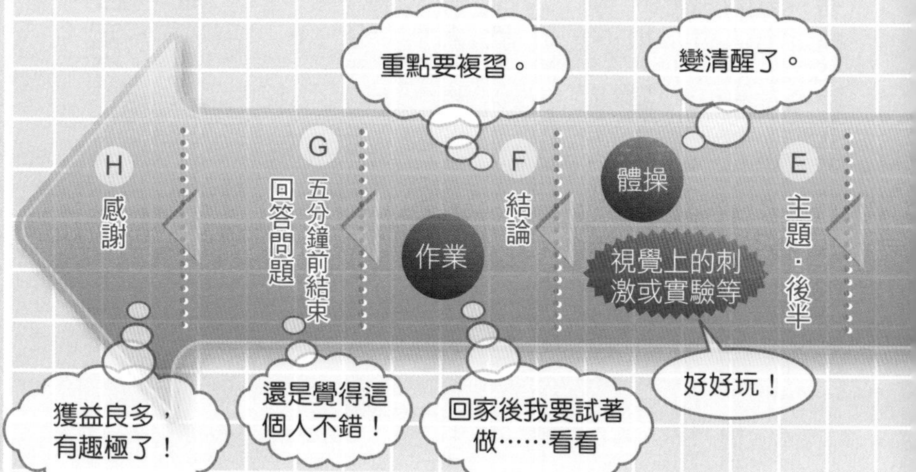
變清醒了。
重點要複習。
E
主題・後半
體操
視覺上的刺激或實驗等
好好玩！
F
結論
作業
回家後我要試著做……看看
G
五分鐘前結束回答問題
還是覺得這個人不錯！
H
感謝
獲益良多，有趣極了！

G 回答問題

對於聽眾提問我們都應該心懷感謝，表達感謝與讚美，誠懇回答。演講結束處於比較放鬆的狀態，建議用閒聊的方式。

H 感謝

最後要充滿活力地說聲：「謝謝各位。」並行禮。用最後結尾的動作，讓人對你留下很認真的印象。

24

晨會演講

受人歡迎的「三分鐘晨會演講」

＊說話要開朗，語調要輕鬆

「唉！輪到我要上台進行三分鐘的晨會演說，煩死人了啦！」

一定有很多人會這麼想。

以前我一想到得在公司主管與同事面前說話，心情就沉重到不想去上班。

壓力這麼大的原因有二，那就是：

找題材很辛苦，經常會讓人煩惱「講這些話，對方不知道會不會質疑我的程度」或「不知道是否會令眾人感到失望」。而且，還要擔心講不好。

現在回想起來，這樣的想法很多餘。

因為，公司實施晨會演說的目的，是在「培養員工的邏輯傳達能力」與「促使職場上的交流更順暢」等，絕對沒有人會期待從員工口中「聽到多精彩絕倫的演說」。

以聽眾的角度去思考，你會明白「怎樣的晨會演說叫作精彩」，「講些稍微新奇的事情，讓大家聽起來覺得輕鬆有趣就夠了」。

以主管的身分說話，集中在某一主題，開朗、穩重而有活力地把它講完即可，絕對沒有員工會出來抗議「你真令我失望！」。

如果這樣還是有人覺得「反正要我上台講話，壓力就很大」，何不跟大家聊聊最近自己比較在意或感動的事。

你可以**告訴大家「發生某件事」⇓「我是這麼認為的」、「我讀了某本書」、「電視上最近某件事鬧得沸沸揚揚」、「我聽到某件事」⇓「我個人的感受是……」等，先從某件事或某個故事切入，最後再以自己的想法做總結。**

你甚至能補充「因為我很在意，所以做了調查，結果發現……」、「自己試著實踐後發現……」、「跟朋友聊過後發現，沒想到居然還有這樣的意見」等，有這3分鐘，你能加進各種內容，來豐富自己的演說。

不管是在社會上喧騰一時的話題或時事，還是透過身邊的事，如「客戶那邊發生了什麼事」、「我在這間公司工作3年……」、「現在我很迷……」等話題來表達感謝、感想，或提供情報。最能掌控人心的演說，是要自己講起來開心。

進階級 受歡迎的【晨會演說】技巧

1 集中在某一主題，說出具體實例

3分鐘集中在某件事上後再去豐富或深入挖掘就好了。一開始可先說「事實」例如：最近發生的事或在意的資訊等，接著再以「自己的想法」做總結。可以套用數字讓人更有真實感，或以舉例方式讓人更容易了解。

2 保持敏感度，說出自己感動的事

不管是朋友間愛聊的事或從祖父母那裡聽來的事、路上看到的事，還是工作上注意到的事等，只要是令自己感動的主題，就要立刻記錄下來，以免忘掉。

不要現學現賣、人云亦云，可從自己的角度去切入與解說，會更容易獲得大家的認同，而且，自己擅長的領域或關心的事情等特定主題，聽起來較為新奇有趣，更能打動人心。

那個題材不錯！
哇！這個題材我要！
集中一個主題比較好

3 事先演練，使精神放鬆

想在限定時間內順利完成演說，必須進行實際練習，幫助自己找出缺點，予以改進，多練習幾次，能讓你講起話來更沉著，以開朗的表情去觀察觀眾的反應。晨會演說，是增進表達能力的大好時機，想要提升自己在眾人面前說話的能力，要多上場練習，別老想逃避，把它當作一個「能確認自己成長與否的舞台」積極地去面對。

小提醒「晨會演說」

將報紙的社論、電視評論或書本內容，當作自己意見

「盡力做環保，反而造成更多的浪費！」

這樣會讓人覺得「應該是從對方那裡聽來的吧！」因內容不像講者本身會說，聽眾幾乎都會察覺，代表講者不重視自己的意見，不僅看起來愚蠢，聽眾也聽得很痛苦，因此，建議用「我在報紙上看到的是……，但我個人卻認為是……」等方式，讓大家知道你的想法與該論點間的差異，以及個人的疑問等，更能提升自己說話的可信度。對任何的資訊千萬都別照單全收，要積極表達自己的意見。

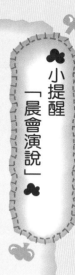

25

克服緊張對策

「克服緊張」，與壓力和平共處

＊事前多練習，降低恐懼感

每個人都會緊張。

演講的時候，大家應該都有遇過，緊張得滿臉通紅，心跳加速忘了要說什麼，說話聲音越來越小，或無法將自己想講的事表達出來的經驗。

就算上場經驗豐富的人，到現在還是會緊張。

人為何會緊張？其實是源自於「失敗該怎麼辦」、「如果讓聽眾失望該怎麼辦」等「不知該如何是好」的不安情緒。進一步深究，就是「不希望事情演變成上述狀況」的「恐懼感」。

消除這份「恐懼感」最好的方法是，事前多練習。

缺乏自信會擴大恐懼的感覺，因此，千萬不能怠於準備，而要反覆練習，直到自己覺得「到時候只要以平常心去做，絕對沒問題」為止。

個性嚴謹的人，一般都很容易緊張，太過放大「失敗就慘了」的感覺，反而會助長

恐懼的發生。

我不認為這種恐懼感是不好的事。用正面的角度去想，正是因為有所恐懼，才會為了「避免自己最糟的結果發生」而努力去準備。

真正上場演講的時候，請保有「接下來，請大家開心地聽我講話就行了」的心境。眾人同時將目光轉向我們的時候，難免會有「不知對方是怎麼看我的」或「希望多少能留給人好印象」的心態。

這時候最該想的是「我也沒多了不起，就算講不出精彩的演說，盡全力去做，讓聽著覺得小有收獲就行了」，如能將精神集中在讓聽眾理解，因此要把重點放在「聽眾有沒有聽懂」，而不是「聽眾怎麼看我」，緊張感自然會消失。

況且，雖說是演說，但其實跟每個聽眾一對一「聊天」沒兩樣，試著想像人們興致勃勃聽我們說話的畫面，講話的語氣會變得柔和，用語就不會那麼正式與嚴肅。下一頁，我們將介紹克服緊張的方法，提供容易緊張的讀者參考。

進階級 受歡迎的【克服緊張】技巧

1 多練習，不失敗

「怕說話沒有組織」、「是否能在時間內完成」等，想要消除這些不安，除了思考演說的架構，還要多練習。不須將內容逐字逐句背下，只要能將內容照順序講出的程度即可。

2 承認「我現在很緊張」

某位知名的研討會講師，曾充滿自信地講過這麼一段話：「真糟糕，我現在還是好緊張耶！因為希望讓大家覺得我很厲害，才會這麼緊張！」瞬間會場笑成一團。開場時可告訴聽眾：「我現在很緊張，我會努力的！」可使氣氛會變得輕鬆，對方會覺得你好親近。

3 視線固定在某一定點

不知眼睛該看哪裡，視線不斷游移，看見一張張聽眾的臉，讓人更緊張。建議視線焦點以會場後方的海報，或坐在後面，臉不是看得很清楚的人為中心，偶爾環顧整個會場。等到平靜下來，再來巡視每一位聽眾的臉。

4 尋找專注聽講的人

任何會場，總會有一、二位聽眾專心聽講，頭點得很用力，讓人覺得非常親切。演講時，對著這些人講話對了，向這種人提問，有助於營造輕鬆的氣氛。但別忘了看其他人，記得要一視同仁喔！

5

開講前輕鬆聊天

演講前，如能跟活動負責人或同事等，聊一下相關話題，之後再進行真正的演講，能紓解緊張。不要想成是跟「很多人」講話，以跟「某個人」聊天的方式來演說即可。最好事前能先到現場走一趟熟悉一下環境，別等到演講當天才第一次踏進會場。

6

想像自己講得很好

請試著回想，跟家人或朋友滔滔不絕說話的自己，當司儀當得很稱職的自己，以及能跟晚輩說明得很詳盡的自己。過去「因保持平常心而講得很好」的經驗，可套用到演說，練習時亦可進行這種聯想訓練，效果會更理想。

7

成為「想要成為的對象」

大家身邊總有人讓你羨慕說：「好希望能像他一樣充滿自信地說話」或「好希望能跟他說話」吧！仔細觀察這些人的說話方式、眼神、臉部表情等，將這些套用到自己的演說。把自己當成「演員」。從YouTube或DVD，觀察偶像的演說影片，是練習的好方法。

8

深呼吸，吐出「失敗的畫面」

演講前利用時間，將心中不好的情緒或負面的印象，由口中「呼……」的一聲將一切全都吐出去。接著，再將「擅長演說的自己」由鼻子「嘶……」的吸進來，接著再吐氣。緩慢重複這個動作，直到完全冷靜為止。

26

演講・外表與語調

受歡迎的演講，關鍵在「外表」

*演講者的外表，透露個性與情緒

演講時，有幾個非常重要，卻容易被忽略的重點。

就是，表情、視線、姿勢、服裝等，由「視覺」所傳遞的訊息，以及聲音大小、速度、音調等，由「聽覺」所傳遞的訊息。

假設某人說話時，總是不開心的模樣、眼睛直盯著下方、說話的聲音細小，就算內容再引人入勝，也很難讓聽眾產生親切感。

透過視覺與聽覺，大家會在無意識間接收到「我跟這個人處不來」等訊息。

如果某人說話懂得以開朗而有活力的表情看著每一個人，說話方式彬彬有禮，先不管說話的內容好或不好，也會感覺比較親切，讓人「想聽聽他怎麼說」。無論是演講還是一對一的接觸都一樣。

對於不愛長篇大論的人，我們總能敞開心胸，產生好感。那種溫暖的感覺，可為講者帶來很大的勇氣，演講者必然都能體會這種感覺。

26

說話時如能面帶笑容，效果更好。

我曾經到一個幾乎沒人認識我的地方去演講。

剛開始，聽眾的臉部表情都很緊張，看起來像在問「不知道這個講師究竟是怎樣的人」。其中不乏常聽演講的人，擺出不客氣的態度，要我「別講無聊事」。剛開始演講時，儘管我充滿朝氣且笑容滿面地跟大家問好，然而用笑容回應我的，只有二、三位女性。

就算狀況如此，說話還是要面帶笑容。不用一直笑，講完一個段落，再稍微笑一下，跟某人有眼神交會即可。這樣過了10分鐘、20分鐘，你會發現，會場中支持你的人越來越多。模樣輕鬆愉快的聽眾，明顯增加了。

看到這副景象，演講者會跟著放鬆下來，持續把話講到最後。

表情、姿勢、服裝、聲音的大小、速度及聲調等，通通都是演講的一環。

期盼各位將來能「用外表與聲音來表現自己的個性，創造受人歡迎的氣氛，說出值得信賴的內容」。

演講「以貌取人」！

「外表」重點

【表情】

●保持微笑，講到重要的部分，表情變認真。

●不用一直笑。說話時神情要穩重，講到一個段落再微笑即可。

【頭髮】

●髮型可選擇臉部看起來乾淨整潔。搔摸頭髮的動作不雅觀。

【視線】

●眼光要環顧整個會場，看每個人的臉。

【口】

●嘴角上揚，保持微笑，發音要清晰。

【姿勢】

●抬頭挺胸，感覺身體正上方有股力量往上拉。

●眼光直視前方，收下巴。

【服裝】

●依據時間、地點、場合，穿著整潔俐落的服飾。特別要注意鞋子是否乾淨，絲襪是否脫線。

【手】

●上台後將手放在一起。

【腳】

●肩膀放鬆，自然站立。

●右腳稍往後退一步。

【手勢】

●用手勢表現數字、形狀時，動作要大而慢。

●以手指物時，手肘要微微彎曲，五指併攏，稍微停頓1～2秒。

Speach

演講的決勝關鍵在於「聲調」！

◉運用腹式呼吸，由丹田發聲

●聲音的大小

大聲。

●音調的高低

音調高低要穩定，抑揚頓挫分明。

●聲音的速度

速度快慢適當，適合自己。依據場合或對象來改變速度。

●快速……活潑、朝氣、動力
●緩慢……冷靜、寬鬆、值得信賴

●停頓

陳述重點時，或開始對聽眾演說前，稍微停頓一下，可創造張力。

27

簡報

簡報成功的關鍵

＊power point、資料、照片、筆記

提出商品或資訊向對方說明時都會用到簡報，目的多半是為了新品發表、促進銷售、企劃提案或成果報告等。

不管是自己想做，或被人指派要做，覺得「做簡報很難」的人很多。事實上，做簡報並沒有那麼難。

為何我會這麼說呢？因為負責簡報的「主角」在說話時，其實有power point、資料、照片、實物等各種的「配角」輔助。

這些配角需要用好的方式來呈現。舉個不好的例子，如果投影機畫面上全是文字，會讓人看得很吃力，說明又臭又長，聽眾會很排斥，如能以簡潔易懂的圖表或圖示來呈現、放上一些實際的照片，或拿出實際的物品來示範，讓人知道重點該看哪裡，聽眾會快速被內容吸引，接著再多多善用這些好用的技巧，就能獲得大家的認同。

這類「間接道具」對於不善言辭或容易緊張的人，有很大的幫助。

在此需要周全的準備。想獲得聽眾的認同，不僅要思考劇本該如何寫及如何呈現，還必須不斷演練。而且，就算有配角幫忙，也**別忘了主角及演說者**。唯有展現「演技」自信洋溢地說話，聽起來才會更有力量。

再者，簡報必須「簡單易懂」

東拉西扯地講一大堆，或是使用很多專業艱深的用語，都無法抓住聽眾的心。想要吸引聽眾，關鍵在於，你能用多明快的方式來表達一件事。

綜觀過去那些高人氣的名人、電視購物主持人與新聞主播等，他們說明簡單明快，連小孩都聽得懂。

簡單、切中要點，對方才聽得進去。

在聽眾的注意力都還很集中的最初5分鐘，簡潔地說出自己最想表達的事，接下來再循序說明即可。

進階級 受歡迎的【簡報】技巧

1 用簡單易懂的一句話，表達基本概念

❖「這項產品的概念是『它不僅是水晶耳珠*，還能減肥』。

（*譯註：「水晶耳珠」是一種像耳環的水晶珠，利用磁力刺激耳朵上的穴位，達到抑制食慾的功效，類似中醫的針灸減肥。）

讓任何人一聽就懂的產品概念，之後再於簡報進行解釋，讓聽眾對這項產品很熟悉，留下深刻的印象。

2 進一步仔細說明

❖「這張是貼水晶耳珠的照片」

秀照片或示範時，如果快速帶過，聽眾只能聽說明，不會有機會思考，而且速度過快，會讓人無法充分理解。記得要多觀察現場聽眾的反應，給大家思考的時間。

3 以曲線或圖示呈現，將更有真實感

✣「九成女性有減肥的經驗，詳細內容，請參照這張圖表！」

投影片所呈現的檔案，不能過於瑣碎，內容要先經過簡化，讓人能一目了然。盡量多用圖表或列舉性的文字來呈現，會更淺顯易懂。演講的內容須與文字一致，還要仔細加以說明。

4 運用具體數字

✣「10人體驗4個禮拜，每人平均都瘦了約1.5公斤。」

拿來提高說服力的事證，必須用數字變得更具體。運用照片效果會更好。決勝的關鍵在於，你能讓人感受到真實性及得到認同。

5 「實例」要淺顯易懂

✣「女性很難抗拒原創商品的誘惑，例如……」

做結論時，記得要提出實例，並讓人知道其中的緣由。盡可能用大家聽了就懂，可用切中要點的方式去說明。

6 5分鐘產生共鳴

✣「最後，容我再次重申這項產品會大賣的理由。」

最後希望能讓聽眾產生：「原來如此，原來是這樣啊！」的共鳴，所以總結要從容。

28

打招呼

打招呼要真誠

＊永遠對人懷抱興趣

✣接下來的內容雖然很基本，卻非常重要，是進行各種溝通時的基礎。

第一次見面的前幾秒鐘下意識會判斷「這個人對自己，究竟是怎樣」，進而產生「彼此好像合得來」、「看起來是個很棒」、「感覺有點可怕」或「應該很難溝通」等第一印象。

經過交談，則會產生其他感覺，如：「這個人好像還蠻好溝通的」、「真是有趣」、「我們或許會變成朋友」或「感覺好像跟我想的不一樣」等印象，是所謂的第二印象。

第一印象源自外表，第二印象則是內在，這個第二印象，正是建立人際關係的基礎，人是以「印象」留存在他人心裡。

創造第二印象的契機，是「打招呼」。

面無表情，只會將制式化的外交辭令掛在嘴邊，被動且從不主動跟人聊天，或笑容虛假，眼光老是飄向其他地方，這些人之所以會這樣，是因為有「因工作上的關係，不

得不跟某人往來」或「自覺不可能跟對方合得來」的心態，不然就是根本不把對方看在眼裡。

這麼做損失很大！有些人可能是你生命中的大貴人，能介紹大筆生意、優質戀人或結婚對象，有可能在數年後再次與你相遇，成為你的工作夥伴。即使這樣，他可能有趣或令人意外的一面，甚至是擁有特殊的背景。

千萬不要主動去切斷跟這些人的未來。

人生，有時踏出一步，就會發生令人意想不到的轉機。

這個世上有那麼多人，能在同一時間、同一地點碰上，是難得的緣分。請試著相信各種可能性，告訴自己「我跟這個人之間或許會發生什麼有趣的事」或「或許他是個有趣的人也說不定」自己主動去找對方講話。每個人都會高興有人願意找自己講話。

最好的方法是從微笑與人打招呼做起，看到有人對自己感興趣或喜歡自己，才會同樣去喜歡對方。

1

打招呼的第一步「微笑」

「先搶先贏」對任何人，不管是先找人講話或先對人笑，都需要極大的勇氣，主動先開口，對方的心理負擔會大大減輕，而產生好感，獲得極大的好評。就算只是一面之緣，也要主動跟對方打招呼，眼睛直視對方，臉上帶著一個燦爛而生動的笑容。

2

開始發音一定要清楚

打招呼時，一定要加強「初次見面」的「初」、「你好」的「你」字發音，用腹部的力量去發出聲音。大聲說話，能紓解緊張，讓你更容易說出接下來想說的話。不清不楚或太過細小的聲音，會給人負面的印象。

3

別輕忽外表

第一印象約有八成的資訊來自眼睛，我們往往會以外表來評斷他人，雖然不必花太多心思在外表，但想得到好感，外表還是得保持乾淨整潔。多留意髮型、服裝、彩妝、指甲與腳。

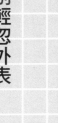

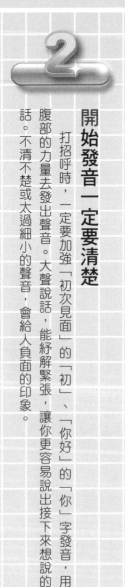

4

對每個人要一視同仁

「跟這個人好好相處，絕對會有好處」或「沒必要跟這個人來往」與人相處時如有大小眼之分，身邊的人其實都察覺得到，所以，不管是對獨行俠，還是難以溝通的人，我們都要主動攀談。當然，還是要留意現場的氣氛。

5

捨棄「希望得到讚賞」的心態

就算一開始將形象塑造的再好，日子久了還是會流露本性，要忘掉自己，別老想著要「表現自己好的一面」或「希望對方能更了解自己」而將焦點轉向「了解對方」上。千萬別擔心太多，要學會放輕鬆，只需「表現出平常的樣子」。

6

別用第一印象來評斷他人

我們都會以第一印象來評斷他人，但單憑第一印象就有先入為主的觀念，這樣只會限制發展的可能性，不如不要預設立場，展現願意接納對方的誠意。

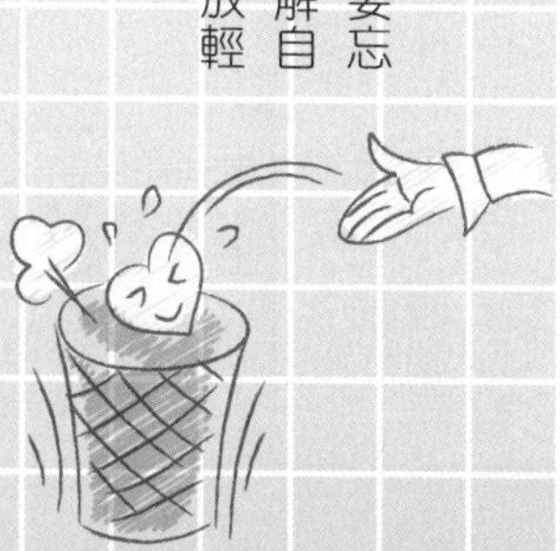

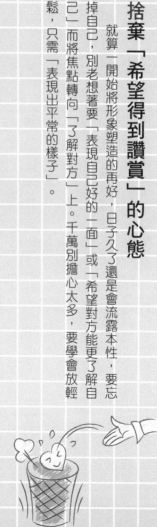

好像見過，但就是想不起來！

緊盯著對方的臉問：「我們是不是在哪裡見過？」是非常失禮的事。可能有人是過去曾經關照過你的人。

從「彼此雖然交換過名片，但想不起來是哪家公司」，到「對方雖然很親切地跟自己聊，但卻不知道他究竟是誰」等，請大家發揮臨場反應，活用下列四個要點。

1 從對話找靈感

從「最近工作會不會很忙？」、「上個禮拜的大雪把大夥都搞慘了，你還好吧！」等對話，慢慢拼湊記憶。若對方提到重要的關鍵字或共同認識的名字，相信你的記憶會瞬間甦醒過來。

2 請教其他人

若無其事地加入談話，試著向其他人探聽他的身分。碰到認識對方的人，可以直接問：「請問你知道那位先生是哪家公司嗎？」

3 透過閒話家常來脫身

對方主動過來找你聊天，而你想不起對方究竟是誰，此時不妨聊聊自己的近況或無關痛癢的事情，如：「我最近剛搬家」或「我換工作了」等，以不傷對方自尊的方式結束談話。

啊！我在電視上看過您！
請問您是哪位呢？
我是你們公司的老闆啦！

4 老實承認

如果對方看起來是你不認識的人，不妨老實招認，或許可以試著說：「我以前應該見過你，你變好多，害我都想不起來你是誰！」「你是不是變瘦了？」「你是不是換髮型了？」承認自己想不起來。

這樣做，立刻記住對方的名字

1. **對話時不斷重複對方的名字**
   「本田先生，放假日您都從事那些休閒娛樂啊？」
2. **用名人做聯想**
   山口小姐⇓山口百惠等
3. **私下幫對方取綽號**
   林先生⇓禿頭林
4. **聯想**
   高橋小姐⇓想像她被吊在高橋上
5. **談話之後立刻在名片背面寫特徵**
   戴眼鏡、身材微胖、身高等
6. **每十分鐘複習一次**

who?

29

聊天

談話輕鬆又自在

*使訪談對象放輕鬆

「初次見面。我的名字叫〇〇〇」做完自我介紹，現場一片靜默。

不知該說什麼，對話很難持續下去，無法掌握說話的時機等，不管是誰，都有過這樣的經驗。

其實，根本不用想這麼多，**將眼睛看到或心裡想到的事，一個接著一個講出來就好**。交換名片時，你可以問：「好奇特的名字喔！請問您是哪裡人呢？」碰巧看到對方的包包，你可以讚美：「好個設計感十足的包包啊，非常適合你耶！」出席站著吃的派對，你則可跟對方說：「這裡的東西真好吃，甜點好像快被掃光了！」

「問你有疑問的事」、「找件事讚美對方」、「講些雙方都有共鳴的事」等……

聽起來是不是都不難呢？

初次見面的對話，只是為了增進彼此的感情，就算不是什麼大不了的話題也沒關係。

有人會說：「第一次見面我都好緊張，根本沒辦法好好說話。」

這種人何不試著把自己想成酒店的媽媽桑，跟對方接觸時，注意「如何讓對方開心」。

人在緊張時，會將注意力放到自己身上，想說「不知道對方是怎麼看我的。」

酒店媽媽桑，根本不會在乎自己，她們想的第一件事是怎麼讓對方舒適自在。因為媽媽桑知道，如果能建立起良好的關係，最後獲利的人是自己。

你想著自己有一家店要經營，那些無聊的自尊、羞恥心或害怕的感覺，就會被吹得煙消雲散。

我認為平常的人際關係，跟經營服務業一樣。

「跟人主動講話簡直是天大的災難！」、「這麼做會不會太過諂媚啊！」、「等對方跟自己聊不就得了」有這些想法，不會有人想要和你聊天。

想得到對方的愛，自己要主動去愛對方。

重視對方的心，有助於未來關係的建立。

因此，如果你想讓對方開心，放心通通都說出來吧！

越講會越習慣。不斷實踐的結果，就能和任何人都聊得來。

如果認為找話題很難，就參考下一頁的內容，找出適合自己的話題吧！

●從名片切入話題，聊身邊或個人的事物，使談話順暢。每個人的狀況不同，如果對方讓你覺得很好親近，可直接切入個人話題。請慢慢嘗試。

B 聊看到或心裡想問的事

桌上的碗、牆壁上的畫，對方手上的筆等，將看到的事物，用孩子般天真無邪的口吻，告訴對方：「好有趣喔！」或問：「那是什麼？」能輕鬆打開話匣子。

A 名片切入

B 眼睛看到的

A 名片切入話題

名片像一個人的臉。翻看名片的正面與反面，必能找出吸引你的地方。一張個性化名片，代表「想與人有互動」，他絕對在等你問他問題。

Ⓐ**公司的職務**「在○○部門都做些什麼工作呢？」

Ⓐ**商品**「您好像經手許多商品，有特別推薦的商品嗎？」

Ⓐ**名片本身**「你的名片好特別，大家絕對不會忘記你！」

Ⓑ**服裝、髮型、配件等**「好有設計感的項鍊，是外國的品牌嗎？」

Ⓑ**表情、姿勢、聲音等**「好棒的笑容喔！每次○○小姐一笑，讓人覺得整個房間的氣氛都變好了呢！」

Ⓑ**料理**「今天的料理主要都是蔬菜，感覺好健康喔！義大利麵超好吃（要對方吃吃看）！」

Ⓑ**會場或備品**「這是我第一次到這間飯店，感覺還蠻時尚的。」

C 天氣、季節等話題，或周遭發生的事

無論對象是誰，通通都能聊，天氣與季節，至於周遭發生的事，與其講大家不熟悉的事，不如聊每個人都一定會知道的輕鬆話題。

D 提出問題

發問的時候不要太過刻意：「因為……，所以我想問」、「我是……啦！，不知〇〇先生覺得如何呢？」

周遭發生的事

C

D

自己的事
對方的事

C 季節「這個季節，街上到處都看得到櫻花，好美喔！你有沒去賞櫻啊？」

C 來的路上發生的事、感想「來這裡的路上會經過一條充滿下町風情的商店街，我最喜歡小店林立的活力老街了。」

C 新聞、運動等「〇〇先生會看球賽嗎？我超期待這次的亞洲足球賽。」

D 食物「上個禮拜我去了人氣排隊拉麵店××，有排隊的價值！」

D 最近讀過的書、看過的電影「最近我看了榮獲芥川獎的作品，好久沒像這樣沉迷一件事情了。您喜歡看哪一類的書呢？」

D 養生方法「一天到晚盯著電腦眼睛很容易累。最近我試了熱眼膜，沒想到效果真好！」

D 旅行「前幾天我第一次去伊豆泡溫泉，你有沒有去那裡玩過或泡過溫泉呢？」

進階級 受歡迎的【聊天】技巧

1 注意自己跟對方的距離

✣從對方的反應與表情來判斷

一種米養百種人，有人積極想跟人混熟，有人則崇尚君子之交淡如水，更有人是講到有興趣的事會變得熱絡。觀察對方的反應及表情，了解自己究竟該保持多遠的距離。一開始最好保守一點，之後再慢慢去試探對方的底線。

2 提到共同認識的人，要特別小心

✣每個人的狀況不同，有些人可能不希望聽到某些事

有些人發現對方是同業，或彼此有共同認識的人，會立刻問：「你知道〇〇先生嗎？」或「你跟△△宅男部長熟嗎？」有時攀關係確實可行，但被質疑：「不會吧！你認識那種人？！」或讓人心生警戒：「那不能跟他聊些有的沒有。」當下先跟眼前這個人搞好關係。

3 第一次見面不能談的禁忌話題

✣政治、宗教、個人隱私等

每個人的信念不同，所以最保險的做法是，別去提及政治或宗教等話題。年齡、戀愛與結婚等，最好等到你確定「問他應該沒問題」再開始聊。大家都知道不能故意去講對方自卑的事，有時說：「你長得好像○○明星喔！」雖然是讚美，卻反而惹得對方不高興，因此，開開心心跟對方說話，比知道對方的事更重要。

你跟我們家的PEKO好像！好可愛喔！
狗狗？貓咪？什麼？

小提醒「聊天」

追問隱私

「你結婚了嗎？有沒有小孩？跟婆婆關係好嗎？」

喜歡刺探對方隱私，會讓人覺得白目和厚顏無恥。應付這種人最聰明的做法就是，敷衍並保持距離。

15次
你結婚了嗎？
30個
你有小孩嗎？
火星人
老公呢？
真厲害

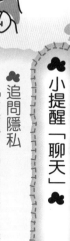

30

推銷話術

銷售高手好感最重要

強迫推銷令人厭惡

銷售的原則是——「沒有人會跟討厭的人買東西」沒有人會對一個非親非故的人來推銷，立刻把錢包給打開。不論商品再吸引人，如果一個人劈頭就開始介紹商品，不斷強迫推銷：「這個東西很棒，買吧！買吧！」相信所有人都會逃之夭夭。或許一些自制力比較差的人會買，但僅此一次。

銷售的第一個工作是，先讓客戶喜歡你。

以前我跟客戶推銷情報蒐集系統，前三次只會稍提一下自己的工作，絕大多數的時間都是在閒聊。

拜訪車廠，我會盡量蒐集相關情報，營造能讓對方開心聊天的氣氛。

「這次你們有新車上市了喔！聽說是油錢現在的三分之二！」

「你的消息真靈通，沒錯，說到我們這次的新商品……」

你會知道現在對方希望得到怎樣的情報。哪怕是事前無法讓人掌握到相關情報的對

象，你一定能從閒聊之中，聽出顧客的需求。

要注意的是，態度別太過強勢，擺明「我是特地為你而來的」，但也無須委曲求全地說：「你不要沒關係啊！」**輕鬆閒聊，讓他明白「如果可以，我想跟你來往」**就行了。

跟談戀愛一樣。不斷去拜訪，找出「幫得上忙的地方」，這段時間雙方都還在摸索的階段。等到對方對你感到熟悉或產生信任，就會「願意聽你說話」。

千萬別錯過這個時機。要仔細地向對方說明「這個商品有何優點」，營造能讓顧客自己說出：「這個好，我想要」的情境。

唯有對方自發性地想要，這樣的關係才穩固。

不管銷售或談戀愛，想要對方說「ＹＥＳ」，必須了解，現在已經不是強迫推銷的時代，因此，更需要能看透客戶心理的推售話術。

POINT!★欲速則不達。

進階級 受歡迎的【推銷】技巧

1 「緩慢而仔細」的說話方式，最能得到信賴

✣ 其實，……（停頓一秒）我們有提供這樣的服務（聲音低而緩慢）

說話太快會突顯銷售意圖，讓對方心存戒備，因此，第一步，要先從傾聽顧客說話做起。以緩慢、沉著且略為低沉的聲音說話，再加上適時的停頓，讓人感受到你的自信與從容。

2 了解顧客的喜好與需求

✣ 「貴公司的社長上個月出書呢！」

透過網路或小道消息來掌握對方的情報。了解對方的需求與喜好，才能提供最適合的商品，可從閒聊中去找線索，別只照著銷售手冊寫的內容賣東西，要因應顧客的需求去做提案。

3 明確說明效果

✣ 「全面電氣化，火災發生率降至〇分之一」

你必須明確說出效果，讓顧客了解現在買商品，未來「會發生怎樣的變化」可運用圖表或照片等簡單易懂的資料說明。記得提供資料來源，讓顧客知道資料是值得信賴的。

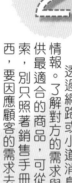

4 除了優點，更要說缺點

✣「事實上，還是有一個缺點」

只說好的一面，會令人擔心「難道都沒問題嗎？」誠實點出缺點，能讓人對你產生信賴，覺得「這個人說話很實在」，要記得對缺點做後續說明喔！

5 說出自己的「堅持」

✣「關於這點，我有自信絕對不輸任何其他商品。」

傳達專業的「堅持」，能得到對方的共鳴。讓對方知道你在自己的專業領域有充足的知識。最後能否成交，關鍵在於你的專業。

小提醒「推銷話術」

趁人之危的推銷，不可取！

「你們公司最近的狀況不是很理想，誰叫現在經濟不景氣呢！」

雖說有困境的地方有商機，但以趁人之危的方式來進行銷售，只會令人覺得反感，甚至被罵「多管閒事」，別去批評對方的弱點或困境，要先聽對方說話，讓他把話說出來，要讓對方覺得你們站在同一陣線，真心想為他解決問題。

你有很多煩惱喔！
沒錯！
你別多管閒事！這跟工作沒有關係吧！

31

主動提問

成為「主動提問高手」

＊「主動提問＋自我坦白」可使氣氛融洽

說到「對話高手」大家多半會想到很會說話的人，但事實上，真正的對話高手，卻是「很會提問」與「很會答腔」。

為什麼我會這麼說呢？因為絕大多數的人都在尋覓「知音」。能夠營造出讓人舒舒服服說的說話狀態，必然會受人歡迎。

那麼，究竟該怎麼提問才好呢？訣竅有下列二點：

1 **向對方提問，同時說出自己的狀況。**

「我個人是……，〇〇先生是如何呢？」

2 **由對方回答的重點去聯想，讓彼此聊開。**

「講到〇〇，……」、「可以請教你有關……的事嗎？」

一邊說話，一邊引導對方說話。例如：

自己：「我是鹿兒島人，因為路途太遠很少回家。不知〇〇先生你是哪裡人呢？」

T先生：「我是青森人。」

自己：「哇！我們一個遠在南方，一個在遠在北方，這樣還能認識真是太有緣了！說到青森，之前我朋友去玩，還買了蘋果派回來給我伴手禮呢！當地還有什麼有趣的東西嗎？」

T先生：「有啊！像干貝、仙貝湯……」

自己：「仙貝湯是什麼啊？難不成湯裡加了仙貝？」

T先生：「是加了仙貝沒錯啊！仙貝QQ的超好吃！是以醬油湯底，還會放許多蔬菜，我超愛的！」

家鄉話題很安全，絕大多數的人都會以家鄉的事物為榮，因此，你將自己所知道的事情講出來，接著再問對方：「什麼東西好吃」、「出過哪些名人」或「該如何剷雪」等，能問出不少情報。表現出對這些事的興趣，再以謙遜的態度「請對方告訴你」。

要以對方很熟、很擅長或很喜歡的主題，能讓他滿心愉悅講出來。自己可先尋找聊天的蛛絲馬跡，引導對方開口—做得到這點，你就是對話高手。

進階級 受歡迎的【提問】技巧

1 從對方的回答找線索，藉此打開話匣子

❖記得問題不要太過瑣碎或不連貫

就算你很想知道對方的事，也不要一直問零碎的問題，「你是哪裡人？年紀多大？血型為何？」才不會把自己搞得跟面試官。想要擁有愉快的對話，要從對方給你的答案中去提問或下評語。如果話題突然卡住，可轉換話題。

你是哪裡人？年齡呢？血型呢？
貼太近了
你、你是偵探嗎？

2 難以開口問？可加進一段話來緩衝

❖「這麼問實在有點唐突，但可以請問你……」

你覺得「彼此好像熟悉多了，但真要開口問還是有點難以啟齒」時，可用「這樣問或許有點唐突，但我很想知道……」做為緩衝。先說說提問的原因或自己的事，如「你看起來年紀好像跟我差不多，可以問你幾歲嗎？」、「我未婚，你結婚了嗎？」等，保守的方式來提問。

3 提問與被問的拿捏

✣「你常出去旅行嗎？」

「嗯，大概一年兩次。您呢？」

提問時，我們多半會問自己想被問的問題。因此，如果你在被人問完問題，只是簡短回答「是」或「不是」對方一定會覺得很失望。以「你怎麼沒有反過來問我呢？」揣摩對方的想法再來提問，讓彼此都有回答的機會。

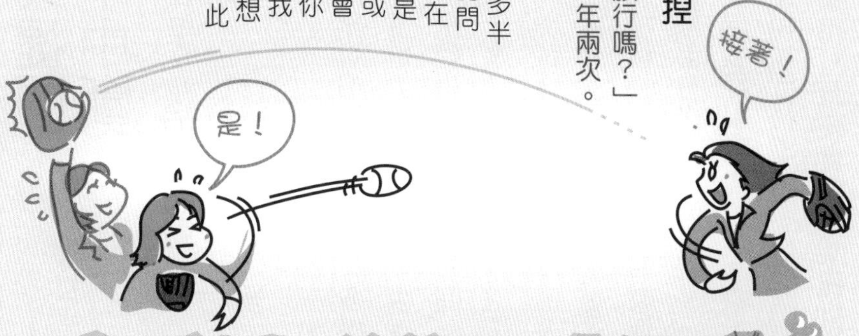

小提醒「提問」

♣不為對方設想

「你有男朋友嗎？我……他是怎樣呢？說到我的男朋友……」

突然有人「問你某件事情」，對方真意多半是：「希望你能來問問我」，因此，縱然有點麻煩，但請你反過來問對方：「那你呢？」若察覺對方想要炫耀，則不妨讚美：「這樣好棒喔！」趕快將話題轉換。

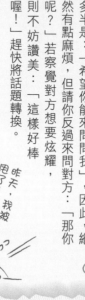

32

引導談話

開放式提問，交談不中斷

＊改變說話角度，越聊越起勁

身為雜誌與書籍的編輯，我做過許多採訪。

心中最在意的就是，我能否問出多少有趣的事情。

因此，我會盡量利用「開放式的提問」讓對話能更為深入。

像問人「是……嗎？」、「應該是……吧！」等問題時，會得到「是」或「不是」等答案般，提問可分成，能夠得到「ＹＥＳ或ＮＯ」等答案的「封閉式問題」（Closed question）以及「ＹＥＳ或ＮＯ」以外答案的「開放式提問」（Open question）。

如果你用下列這種「封閉式問題」來進行採訪，可能根本寫不成一篇報導。

「最近，你好像都會去衝浪喔！」、「是啊！」

「大海讓人覺得很舒服喔！」、「嗯！」

這麼做就像是在進行誘導詢問，對話完全以提問者的問題為中心，根本無法讓對方開口講話。雖然編輯有時確實會因某種目的，而故意用「封閉式的問題」來誘導受訪者，那只是針對重點。

能讓對方說出自己的話，是非常重要的一件事。

「你都什麼時候去海邊啊？」

「一開始為什麼會想要開始衝浪呢？」

「等待波浪來臨的那段時間，你都在想些什麼呢？」

像這樣，對話的內容不僅會越來越深，越來越廣，越來越豐富，有時甚至還能看見對方令人意想不到的一面。

平常跟人聊天時，**能提出「你是怎麼做的？」、「你是怎麼想的呢？」或「如果……你希望怎麼做？」，必須稍微思考後才能回答的問題，能問出許多有趣的答案，話匣子會因此打開。**

想要對方開口說話，必須讓對方動腦去想。

懂得有效運用開放式問題，不僅能問出許多情報，雙方還有機會成為心意相通的好友。

進階級 受歡迎的【開放式提問】技巧

1 用「5W1H」打開話匣子

✣「何時？」、「何地？」「跟誰？」、「做什麼？」「為什麼？」、「如何做？」

想像對方的狀況，藉由提問來補足必要資料。問這些問題，會衍生出許多新的想法，對話容易拓展。

2 傾聽對方的心情，分享彼此感受

✣「感覺如何？」

「為什麼你的想法會改變呢？」、「對你的心情有影響嗎？」、「為何你會這麼想呢？」等，透過詢問對方感覺，能掌握對方感受，讓彼此更親近。

3 詢問「緣由（過去）」及「希望怎麼做（未來）」

✣「開始是因為什麼樣的契機？」「未來希望變成怎樣？」

回歸「源頭」（意即「過去」的基準點），或掌握對方「接下來想要怎麼做」（意即「未來」的方向），就能推測想法、性格、價值觀及發展。清楚這些事，會讓你因為充分了解，而聊得更深入。

我究竟該何去何從？
未來
現在
⑤未來
①現在
③過去
④因此
②開端

4 默默思考「為什麼」，貼近對方的本質

✣「為什麼……」

有此問題不用說出口，默默思考就好。我們與人接觸時，能養成思考「為什麼這個人會成功」、「為什麼這個人那麼有人氣」以及「為什麼這個人能夠這麼真誠」等習慣，甚至「為什麼他會用這種態度來面對事情」等，你能看穿一個人的本質，了解「原來如此，難怪他會變成這樣」，透過對人的仔細觀察與理解，對話會越來越成熟。

換句話說，是……為什麼呢？
原來如此
什麼呢？什麼呢？
什麼啦！

小提醒「提問方式」

提問目的不明確、胡亂提問

「工作如何？」
「最近怎樣？」
「跟男朋友怎樣？」

曾有位知名的棒球選手，在接受訪問時問及狀況如何？憤而罵對方：「身為專業記者，問題能不能有點深度。」隨便提問「如何？」確實讓人難以回答。這種問話方式對長輩或不是很熟的人，非常失禮，請記得要抓住重點：「最近您看起來滿面春風，心境上是不是有什麼轉變呢？」、「工作上哪些地方比較有趣呢？」比較恰當。

33

觀察方式

錯誤的「先入為主觀念」與「偏見」

＊找出別人的優點

與人見面或進行採訪時，我時常提醒自己，別用先入為主的觀念去看對方。一旦有偏見或先入為主的觀念，就無法了解對方真正的內在，不可能變成朋友。

有段時間，我碰巧有機會跟電視上某位知名的女性評論家見面。她說話一針見血，經常發表辛辣的言論，所以給人一種不好親近，甚至是有點恐怖的印象。但我還是試著用「說不定她有溫柔的一面」、「或許我們會相處得很融洽」等的心態去跟她說話，沒想到她是個非常親切的人，即使明知她有很多事要忙，我依然鼓起勇氣邀請她：「這附近有家不錯的台灣料理店，等一下要不要一起去吃看看呢？」只見她爽快地回答：「好啊！」就一起去吃飯了。我甚至還邀她到家裡來作客。

而且，跟這位貴人的相遇，改變了我的人生。**如果起初我只是抱持著「好恐怖」的印象來接觸她，相信我們之後的關係絕對沒這麼，我的工作與生活會跟現在截然不同。**

所謂「先入為主的觀念」是指預先抱持特定的觀念，至於「偏見」是指有失偏頗的

觀點。

就是，戴著與自己不同價值觀的有色眼鏡去看人。

不可否認，我們難免會因一個人的態度、說話方式、服裝與別人對他的評價等，不自覺中形成「他是怎樣的人」的印象。

重要的是，千萬別這麼快下定論。

要預想各種可能性，相信「說不定他還有另一面」或「將來會怎麼發展沒人知道」等。

人的內心，潛藏許多面向，包括值得任何人尊敬的點、優秀的一面、跟我們自己相同的一面等。能否發現這些不同的面向，進而引導出這些面，是彼此建立友好關係的關鍵。**既定觀念太重，不可能去發現，更別說引導。**

相反地，只因看到好的一面而妄下定論，是非常危險的，不管是誰，「是人，必然會有好的一面與壞的一面」。

留意自己「是否太快對某人下定論」或「是否用先入為主的觀念或偏見看人」。人不是那麼簡單的動物，現在我們看見的，只是其中的一小部分，努力去了解對方，談話方式就會有所改變。

進階級

受歡迎的【觀察】技巧

1 觀察人要想著對方內在潛藏的各種特質

✣謙虛提醒自己「我看到的只是其中一部分而已」

我們眼睛所看到的，只是其中一小部分，其實人存在著各種的特質。觀察角度的不同，人的性質會改變，有時內在的特質會一下成為表面特質也說不定，所以千萬別太早下定論，要用謙虛的態度去觀察。

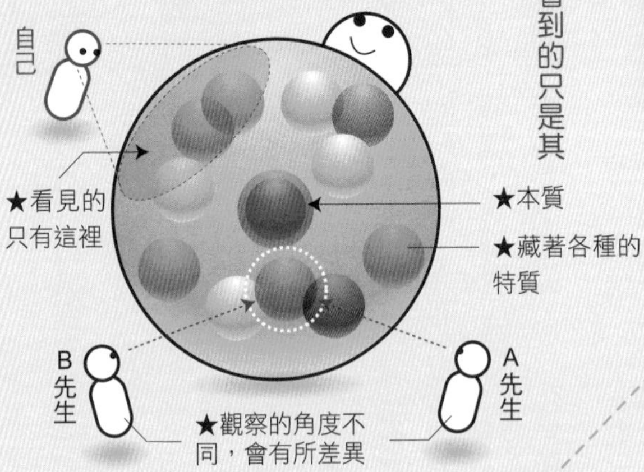

自己
★看見的
只有這裡
★本質
★藏著各種的
特質
B
先生
A
先生
★觀察的角度不
同，會有所差異

2 抱持正面的觀察態度

✣「維持自己本來的樣子」

將別人當成「好人」來對待，就會呈現好的一面，將別人看作「壞人」，必然會讓你看見最壞的一面，因此，請記得將對方潛藏的優點，如令人尊敬之處、擅長之處、受人歡迎之處與執著之處，出人意料的部分，不否定對方，用正面的態度去對待，彼此才能建立起良好的關係。

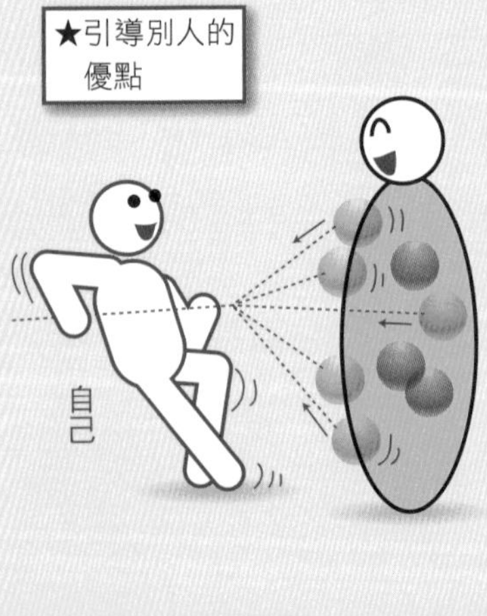

★引導別人的
優點
自己

3 先思考，再交往

✣「對於資訊不可照單全收」

我們從生活中或工作上，會接收到許多資訊，但過於相信這些，會扼殺各種可能性。對於自己既有的偏見或先入為主的觀念，我們一定要先心存懷疑，想說：「真的是這樣嗎？」再去了解對方。動腦思考，形成自己獨有的待人方式。

小提醒「觀察方式」

不知不覺流露的主觀意識

「那個人啊！跟我們有點不……」

每個人的內心還是有某種優越感存在，不知不覺會說出：「她有點搞不清楚狀況。」、「雖然只是個工讀生還……」等，像在告訴大家，我眼光短淺、愚昧。幫人貼標籤，不可能互相信賴。因此態度要謙遜，了解「自己沒多了不起」，要把人當獨立的個體看待。

34

回應

你也是回應高手

＊心靈互動

「喂，你有沒有認真在聽啊？」

大家應該都有聽過這句話的經驗吧！

像我就有。但都是被問，而不是問人……（笑）

看到對方隨便回個「嗯」或眼神不斷地在上方游移，大家多半不會去反省自己是不是說話太自我中心或太無趣，只會氣著說：「不想聽就算了！」這多半是對家人與比較親近的人才會這樣。

在跟工作夥伴說話時，如果對方突然沒反應，會讓人覺得很擔心。只好停下來問：「你怎麼了？」、「是不是聽不懂呢？」

為何會這樣？因為溝通跟玩話語的傳接球一樣。

我們將球丟出去，如果對方不把球丟回來，就沒辦法繼續玩下去。

如果對方投回來的球感覺快要著地，即使接到也投不出好球。

所以說話時，如果別人眼睛閃閃發光，且一直開心地問說：「然後呢？後來怎樣了？」，相信一定會越講越起勁。講演與脫口秀也是，眼前有個動作誇張的「點頭高手」坐在那裡，講者會瞬間充滿活力、越講越興奮，不時還會說一些有趣的事來逗大家開心。

就算只是簡短如「嗯！」、「喔！」、「是！」等回應，還是可能內含「我現在有好好在聽你說話」、「我對你的事很感興趣」或「我對你有好感」等各種訊息。

有時回應甚至不需要言語，靠的只是心靈間的互動。

希望對方聽我們說話時，要「讓對方先說」，邊聽對方說話、邊做回應。

大部分人的內心，都希望對方能好好聽自己說話。若覺得對方很認真聽自己講話，會反過來想仔細聽聽對方怎麼講。就算不是很會說話，也能讓自己成為「回應高手」，對方對你產生好感，講起話來就會輕鬆許多。

只會一個勁不斷地點頭說「嗯」、「是」，其實很無趣。懂得加點變化，偶爾點頭點慢一點、感動地說：「好厲害喔！」或在話語中帶點表情，讓對方越講越HIGH，你就是個「回應高手」。

能讓對方自在說話的六種回應方式

●具備說話、表情、動作

1 看著對方的眼睛「贊同」

「是啊！是啊！」、「確實如此」、「是這樣沒錯」、「原來如此……」

2 重複對話中的關鍵字「模仿」

「昨天我去京都出差。」

⇓「是喔！是去京都喔！」

⇓「你去出差了喔！」

3 促使對方繼續講下去「展開」

「然後呢？」、「後來怎樣呢？」

「您說的……是什麼意思呢？」、「比方說？」

4 貼近對方感受「共鳴」

「這個我懂。」、「真是辛苦你了！」

「真有你的。」、「你應該很開心吧？」

5 放入感情「感動」

「好厲害喔！」、「真令我大吃一驚！」

6 整理並確認「總結」

「是……的意思喔！」、「重點是……喔！」

「換句話說，是指……喔！」

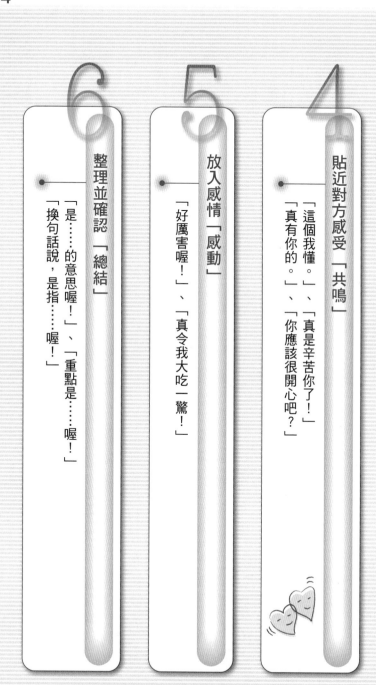

進階級 受歡迎的【回應】技巧

1 不否定對方

✣「我個人是認為……」

任何人遭到否定，心裡都會覺得不舒服，所以，就算意見不同，也不要直接否定：「這應該不對吧！」而要先把話聽完。想要表達自己的意見時，簡單講：「我個人是覺得……啦！有些人似乎跟你持不一樣的看法」。

2 先說出感嘆詞，表現情緒

✣「嗯！」、「咦？」、「哇！」、「吼！」

在做回應前先加個感嘆詞，表情會變得更豐富。開開心心地講，或反應稍微誇張點，都會讓彼此的對話變得更愉悅。記得要搭配表情與動作，讓大家越聊越起勁喔！

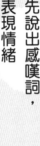

3

「回應＋提問」快速打開話匣子

✣「好厲害！為什麼對方會這麼想呢？」

重複相同的反應，有時會被人質疑說：「你到底有沒有認真在聽？」多點不同的回應，偶爾再提個問題，會讓反應更有變化。

4

聽人說話時，要面帶笑容看著對方的眼睛

眼睛看別的地方，對方不會覺得你有心，所以，點頭表示贊同，基本上必須面帶笑容，並以溫柔的表情看著對方的眼睛。即使不是自己很有興趣話題，也要讓對方能開心講下去為優先，告訴自己「難得有這個機會，聽聽他怎麼說吧！」，你可以從對方的話中，找出自己比較感興趣的部分來提問，或藉由適合的時機告訴他：「這部分請你多講！」來轉換話題。

小提醒「回應方式」

抗拒或否定

「討厭！」、「不會吧！」、「真的假的！」「才怪！」、「我不覺得！」

即使已經三、四十歲，依然有許多人會毫不考慮地拒絕。或許你會覺得這叫「清楚表達自己」但從身邊來看，只是個沒辦法接納各種不同事物、聽不進對方話的任性孩子。遇到任何事情，請試著用「是這樣啊！」、「嗎？」、「原來如此」等肯定語。

35

縮短距離

「同質性」與「親切感」

＊尊重「異質性」

「接下來的五分鐘，請大家努力找出與別人特殊的共通點。」

我在研討會上，經常會丟出這樣的課題。

即使是完全不認識，還是找得出來。

「興趣同樣是泡溫泉，常去泡的溫泉都一樣。」

「家裡都生三個女兒，雙方的妹妹不僅同年，而且還認識彼此。」

「兩人都養三隻貓，且同樣二隻是公的，一隻是母的。」……等等。

女生大多很擅長做這類的溝通，厲害一點的，甚至還能一口氣找出三個或四個特殊的共通點。

找到難得共通點的組別，像覓得知音，往往會在演講結束後互留通訊方式或繼續交換情報。

人與人一旦有共通點，感情就會變好。

進一步，還會產生共鳴，直呼：「是啊！是啊！你講的我都懂。」

出生地、現在住的地方、工作、姓名、家人、興趣、喜歡的藝人、電視節目、書、電影、食物、假日的消遣、學生時代打過的工、參加過的社團、經常去的地方……有心去找，真的不可勝數。

這點不光是對第一次見面有用，就算是關係有待加強的同事或頭痛人物，也有共通點，它會成為破冰的契機，讓人越聊越起勁，瞬間縮短彼此的距離。

話雖如此，我相信還是有人會反應：「我跟她或他，幾乎沒什麼共通點。」

如果是這樣，則需**反其道而行，找出彼此間的「異質性」最好**。

總會有一、兩個比我們優秀或擅長的地方。比方說「會說英語」、「很會做菜」、「閱讀量驚人」、「對韓國電影很熟」、「字寫得很漂亮」……等等。

將自己對這部分的尊敬說出來，你們會更認同彼此。

另眼相看，對方會反過來肯定你。充滿異質性的兩人將成為良性刺激，開口「拜託對方教你」，甚至還能從對方那裡學到新事物。

無論兩人所擁有的，是讓人變得親密的「同質性」或是令人尊敬的「異質性」都會讓彼此的關係變更好。

記得要時常對人保持興趣，從對話中找出雙方的同質性或異質性。

進階級 受歡迎的【同質性、異質性】技巧

1 從異質中找出「同質性」或從同質中找出「異質性」

不管是不同年齡層、不同行業，還是住在不同地方，身邊如有這種人存在，千萬別認為「我們沒有共通點」，而要找出彼此的「同質性」讓他令你吃驚：「咦？！原來我們還有這麼一個共通點。」來展現自己對年齡相仿的同事或朋友的尊敬，會讓你們成為良性競爭的夥伴。

我是個愛吃、愛算命的人，我算的是生辰八字。
我也很愛吃很愛算命，我是用水晶算。
讓人跌破眼鏡的組合誕生！

2 拓展「共通點」，建立友誼

擁有相同興趣、相同境遇、相同目標或相同出生地等共通點，大家會覺得彼此是同好，一對一的共通點固然不錯，但集體共有的共通點很特別。不管是碰巧在餐會上認識、異業交流會上認識，還是剛好在同一棟大樓裡工作等，到各個不同的地方去尋找共通點，能結交到有趣的朋友。

3 尊重不同的價值觀

千萬不要因為彼此的價值觀不同，刻意逃避或排擠對方，要試著去接納「各自的差異」，進行不同文化的交流，去接受「異質性」人際關係會變好，自己的性格會變得更圓融，因此，大家最該擁有的是「一顆柔軟的心」。

小提醒「同質性、異質性」

互舔傷口

「我以為自己是世上最寂寞的人，沒想到還有人比我更寂寞，真是太好了……」

這種心理跟「我本來以為自己已經考得夠差，沒想到居然還有人考得比我更差，真是太好了。」一樣。只因看到某人不幸的境遇，擅自將對方當成自己的同類，想說：「太好了，原來大家都一樣。」其實是非常失禮的一件事。想利用負面的事物來建立關係，前提是雙方一定要有上進心或野心。順利走出困境，才能發揮激勵的效果。

36

表現

不完美沒關係，但是要誠實

＊不要刻意隱藏自己的弱點

不管是採訪或私底下，我經常接觸到許多人。

如：學生、派遣員工、尼特族、政府官員、藝人、藝術家等。有些開始認識時關係還不錯，後來持續交往下去，有些只有一面之緣就結束了。

人跟人的關係能持續下去的原因不少，如「合得來」或「有共通點」都是，**最大的關鍵是，對方是否願意打開心扉「讓人看見他的弱點」**。

社長、議員或藝人等公眾人物，總是抱持「不容對方看見自己弱點」的想法，所以就算他們偶爾提及過去的辛酸史，卻從不曾讓人看見他們現在的弱點，像在表演自己有多完美般，不斷地訴說著「自己有多快樂」遺憾的是，就算再有魅力，也讓人無法感覺親近。

但其中還是有一些不矯飾、願意將自己的心情誠實說出來的名人。

過去，我曾採訪過某位男偶像M先生。

座無虛席的演唱會結束，我在休息室等待，對方表示：「不好意思讓您久等了。我現在滿身大汗，又臭又髒，要先去沖個澡，不然我會覺得很沒禮貌。」之後以一身乾淨俐落的打扮出現在我眼前。平常他總是一副自信而優雅的模樣，實在很難想像態度會這麼謙虛。後來，我們開始聊起來。

我：「演唱會盛況空前，好驚人氣喔！」

M：「托大家的福啦！我知道依我目前的實力，風潮一過大家就會膩了，甚至還會被人笑說是『一片歌手』。因為我不想變成那樣，所以會告誡自己，現在一定要好好磨練才藝及個性。我很希望能繼續在娛樂圈生存下去，心裡其實還蠻焦急的……」

面對這樣不說場面話，且願意讓對方看見內心真正自己的人，我都變成他的粉絲了。

十年後，他因擔任人氣偶像劇的男主角，成為收視率保證的演員。

我相信大家身邊一定有一些希望讓自己看起來更好、害怕受到傷害，或絕不讓人看到弱點的人。

其實，**不小心讓人看見弱點沒什麼。根本不會有人因為這樣討厭你或對你感到失望**，反而還會讓人放心或放鬆對你說出真心話。只有懂得表現弱點，才會受人歡迎、受人信賴。

受歡迎的【表現】技巧

1 別老愛拿自己跟人比較

✣相信自己與他人

有時我們會因為自尊心或不服輸，而故意「武裝自己」，有時會因為不想承認自己的缺點或弱點，而刻意表現出完美的自己。太過虛榮或驕傲都是缺乏自信與不信任他人的象徵。事實上，勇於接受「真實的自己」，才是真正的強者。

2 請記取自己失敗的經驗或弱點

✣「聽說你是全公司男生最想娶回家的女生耶！」

「才沒有，大家如果發現我的腕力比男生還強，就通通跑光了！」

被人吹捧時，記得要謙虛。就算自己沒有自誇的意思，但意識到可能會給人這種感覺時，立即說說失敗的經驗或弱點，才能避免對方對你產生妒忌。

上次我因為喝得太High，空手把玻璃啤酒瓶的瓶蓋打開……，男生就全跑光了……
害羞
這不是害羞的問題喔！
連我都要被你嚇跑了！

3 主管不要總是展現優點

✣「這個我不太會，可以教我嗎？」

有些主管只想扮演完美的形象，不喜歡讓員工看見自己的弱點，其實，主管有缺點反而比較有親切感，員工比較願意照你的意思去做事，但還是要讓人知道你嚴謹的一面，否則可是會被看輕的喔！

4 別將「示弱」與「埋怨」、「不滿」混為一談

✣示弱不是壞事

「埋怨」是指叨唸一些講了也不會有任何改變的事，「不滿」則是悲嘆自己沒獲得滿足的事，基本上都是負面的，所以不斷地說，會讓聽的人覺得很煩。「示弱」是以正面思考為基礎，再稍微加進一些負面的事，聽者會覺得很親切。

小提醒「表現」

不懂裝懂

「我當然知道，這不是常識嗎？」

如果一個人不想讓人覺得無知，而故意不懂裝懂，只會越聽越不懂，陷入「就算想問，也不敢開口去問」的窘境。最後被人發現根本不懂，或因暴露出自己的虛榮而蒙羞，讓人產生不信任，覺得是個做事隨便不負責的人。因此，「不懂的事要坦言不懂」才能表現自我，受人歡迎。

37

製造緣分

保持長期關係

*主動關懷

心裡想跟某個人變成好朋友，或希望緣分能長長久久，有時緣分還是會自然消失，不再有下一次。

一旦錯過聯絡的時機，往後很難再聯絡。對於見過幾次面，彼此還算熟悉的人，沒什麼特別的事，我們還能打電話過去：「最近過得怎樣啊？」然而對於只交換過名片的人，突然間要聯絡的人，真的讓人不知該如何是好。

因此，我經常會**幫助自己與見過面的人建立「主題」**。

雙方聊過天，你會知道對方想做的事、興趣、喜歡的東西或跟自己的共通點。事前透過部落格、公司的網頁、身邊的人給的小道消息等，調查一下對方的事，會獲得更多的情報，自然能從中找到「自己認為會有幫助」的主題。假設知道對方接下來要去義大利玩，你可以說：

「我朋友稍早剛去過義大利，我先去問問哪家餐廳好吃或哪些地方值得去，之後再

寫信告訴你」等，盡量在三天內，至少在一周內回信。

經常可見許多人會在跟人見面後，寄「昨天很高興跟你見面。非常感謝你！」等感謝話語的感謝函。但老實說，這種信件往來通常只有一次，很少會有下文。

有主題，信件的往來才會繼續下去。遇到幫得上忙的地方，對方會想盡一份力。提供旅遊情報給對方，有時對方會買禮物回來送你，獲得再次見面的機會。

「既然你喜歡〇〇的書，我下次拿來送你！」

「我再寄最近很紅的香蕉蛋糕食譜給你！」

「如果您對△△有興趣，我幫您請教一位很清楚這個領域的朋友。」

透過對話產生下次的行動。但請注意，別讓這份好意變成對方的負擔，說話要有信用，講過的事絕對要做到。

提起勇氣，能發展出一段令人意想不到的良緣。

別去計較利害得失，「想跟這個人變成好朋友」或「希望自己能幫得上忙」，這樣想才能培養緣分。

進階級　受歡迎【製造緣分】的技巧

1　聯絡的方法是「短而頻繁」

❖「身體健康，真是太好了。下次再跟你聯絡喔！」

跟許久未見的朋友聊天，都會越聊越久，偶爾利用短短幾句話來關心對方，反而更容易讓人感到親近。捨棄客套話，以三分鐘電話或簡短數行的郵件來聯絡，建立沒有負擔的長久關係。

2　一想到對方，請立刻聯絡

❖「昨天我夢到你，想說跟你連絡一下！」

想到對方的時候，就是跟對方連絡的最佳時機。不可思議的是，對方多半會告訴你：「我才正想跟你連絡。」「我碰見一個跟你很像的人耶！」、「突然想起那時候的事」等，編什麼理由都可以，請主動聯絡對方。

沒事啦！昨天我夢到你耶！
沒想到你居然戰勝一隻獅子……想說你是不是跟以前……
所以就跟你連絡囉！
好久不見，接到你的電話，很高興。
這傢伙到底是做了什麼夢啊……

3「寫信、打電話、見面」直接見面溝通最理想

❖「偶爾出來見個面、聊聊天嘛！」

記得打電話比寫信好，見面比打電話好。這樣較能從表情或氣氛，感受到對方真正的感覺，對於對方內在的發掘很有幫助。與人見面能培養自己的感性與洞察力。與其透過書信講些毫無意義的事，不如好好享受跟活生生的人交流互動的樂趣。

小提醒「製造緣分方式」

雖然才見過一次面，厚著臉皮要人介紹或拜託

「你還記得嗎？上次聽你說你跟○○先生很熟，可以拜託你介紹他給我認識嗎？」

對於不是很熟的人，就算你冒昧拜託，對方只會覺得被利用，感覺一定好不到哪裡去。如果和被介紹人不愉快，甚至會損及介紹人的顏面，就算是很熟的人也要小心為之。請記得先建立關係：「我希望認識某種人。」或「我想知道某類事。」時，身邊的朋友會立刻提供你各種情報或介紹相關人士給你認識。

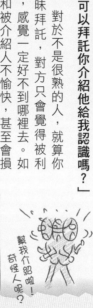

38

正面言語

正面言語帶來正面結果！

＊用負面語言只會不順遂

「啊……糟透了！」
「忙死了！」
「好討厭喔！離截止日只剩一天了……」
「怎麼辦。做不完回不了家了！」

大家在不知不覺中，是否經常使用這些負面語呢？

下次不小心脫口而出時，請試著立刻將它轉換成正面語。如：「事情總會有辦法！」、「我要加油！」、「還有一天的時間。」、「做完之後能回家囉！」

你會立刻知道哪一種比較能激勵自己。

正面語會讓人的心情變得正面而積極，負面語，只會讓人覺得洩氣而已。這點不光是對自己，對身邊的人也一樣。

「你來做就好。」與「你來做最好。」

「這份報告寫得亂七八糟。」與「如果能稍微再詳細一點，會變得更好。」

簡單一個說話方式的差異，會帶給對方截然不同的印象。

想成為工作能力強、受人歡迎或擁有幸福人生，必須使用正面語。

這些人就算面對的是負面人生，也絕不會用否定的眼光去看待。

凡事不順遂的人的特徵是，愛用負面語。

總將「都是……的錯」、「都要怪……」、「我無法……」、「不可能」等話掛在嘴邊，無法用正面的態度去接受不順遂的現況，所以就什麼都不會改變。

每個人都一定會有負面的情緒。

但是，**如果你懂得提醒自己：「我必須轉換正面語」並說出口，你會發現，突然有一天，就算你不刻意提醒自己，也會自動轉換成正面思考**。

其中效果最好的正面話語，莫過於用來表達謝意的「謝謝」這句話。

不管身處於再絕望、再悲傷的深淵、不管你再怎麼想責怪自己或他人，輕輕一句「謝謝」、「感謝老天給你成長的機會」、「感謝老天讓你注意到這些事」，心情會不可思議地立刻變正面，讓你進一步展開積極的行動。

進階級

❖ 受歡迎【將負面言語⇓轉變成正面】的技巧 ❖

1 將「否定」轉換成「肯定」

❖「否定句」⇓「肯定句」

「只剩三天。」
⇓「還有三天。」

「這個商品只剩M號。」
⇓「這個商品還有M號。」

「這件事我應該做不到。」
⇓「給我點時間或許做得到。」

2 用正面語結尾

❖「正面＋負面」⇓「負面＋正面」

「我會去問，但可能太遲了。」
⇓「可能有點遲，但我會去問。」

「我會去交涉看看，但應該是很難如願。」
⇓「雖然很難如願，但我會去交涉看看。」

「這本書很有價值，但價格偏高。」
⇓「這本書價格雖高，但貴得有價值。」

需要改進者的 5種抱怨

1「忙死了！」
2「累死了！」
3「辦不到！」
4「倒楣透頂！」、「爛透了！」
5「可是」、「還不是因為……」、「反正……」

3 用正面的態度說話

✣將焦點集中在光明面

「我們部長既囉嗦又很神經質。」

⇓「我們部長做事很仔細，所以大家相對很輕鬆。」

「假日居然還要上班，真討厭！」

⇓「假日還可以去公司賺加班費！」

「還要幫大家影印真無聊！」

⇓「偶爾做做這種不用大腦的工作，還真是輕鬆。」

4 不說負面的話

✣負面思考⇓正面思考

「不行了啦！我做不到」⇓「沒問題，如果是我就辦得到！」

「不得不做」⇓「好！讓我們來做！」

「他可以不用說得這麼難聽的」⇓「原來如此，沒關係。」

「好倒楣」⇓「好幸運！」

「這可怎麼辦才好」⇓「事情總會有轉圜的。」

5 對人體貼

✣用開心、不造成對方負擔的方式來表達

「記得要打電話給我喔！」⇓「我再打電話給你。」

「要吃飯嗎？可以啊！」⇓「好棒，要去吃飯喔！」

「哪一個都可以啊！」⇓「每一個都好好喔！」

「我來幫你」⇓「請讓我幫忙。」

「你只有『是』回答得特別好。」⇓「你連『是』都回答得很好。」

帶來受歡迎的貴人運 5句好話

1「謝謝！」
2「您先請！」
3「真是太剛好了！」
4「沒關係！」
5「好幸福喔！」

後序

工作與人際關係，都取決於言語。

「怎麼說話」比「怎麼想」來得更重要。不管在工作、朋友、戀人、家人的關係上，都是如此。

為何我會這麼說？無論你再怎麼認真對待工作或他人，如果不化為言語，別人就感受不到，只有將自己的感受說出來，才跟人有關聯。

你講的話，就足以讓身邊的人感到安心、獲得鼓勵，而工作能否順利進行，與話語有很大的關聯。

「你是否值得信賴」或「能否獲得對方的喜愛」等，同樣取決於自己平常使用的語言。

記得要善用「正面語」接納現況。

要發揮想像力，用對方簡單能聽懂的方式說話。

積極、開朗而有行動力，才會受人歡迎。不管是你為對方所帶來的正面影響，還是

後序

你讓人感受到的喜悅等，最後都會重新回歸到你身上。

若無法接納身邊或現況、習慣用「負面語」否定一切，則難以得到周遭的回饋。

話語除了是心靈交流的工具外，也是反映出未來的「明鏡」

如果你希望將來能在舒服的環境中，把工作給做好，就多用正面語，講些有趣的話讓大家都開心。

工作，是由工作能力與人際關係兩項所構成的。

如果你的狀況是「工作能力很強，但人緣不好」，身邊的人不會提攜你，不僅重要的情報不會流到你這裡，也不會有願意幫你的人出現。

如果你的狀況是「人緣很好，但辦事不牢」，一開始再好，最後還是會被身邊的人背棄，同樣無法得到好的工作機會。

無論你所欠缺的是哪個，都會讓你潛藏的工作能力與人格特質，難以得到發揮、成長。

「工作能力強，受人歡迎」是非常美妙的事，是讓人變幸福的事。

培養正確的說話方式與技巧，誰都能做到。

如果大家讀完此書，認同書中的見解，請實際去認識形形色色的人，予以實踐。

言語所擁有的能量，一定能夠幫助你，讓好運一個接著一個上門。我確信，你能得到來自身邊親朋好友的「信賴」與「喜愛」。

有川真由美

國家圖書館出版品預行編目資料

說出職場好人緣：38個老闆覺得你應該知道的說話技巧 / 有川真由美作；謝佳玲 譯.
-- 初版. -- 新北市：智富, 2014.06
面； 公分. --（風向；77）
ISBN 978-986-6151-64-4（平裝）
1. 職場成功法 2. 說話藝術

494.35 03006036

風向 77

說出職場好人緣：38個老闆覺得你應該知道的說話技巧

作 者／有川真由美
譯 者／謝佳玲
主 編／陳文君
責任編輯／張瑋之
封面設計／高偉哲
出 版 者／智富出版有限公司
發 行 人／簡玉珊
地 址／(231)新北市新店區民生路19號5樓
電 話／(02)2218-3277
傳 真／(02)2218-3239（訂書專線）、(02)2218-7539
劃撥帳號／19816716
戶 名／智富出版有限公司
單次郵購總金額未滿500元（含），請加50元掛號費
酷 書 網／www.coolbooks.com.tw
排版製版／辰皓國際出版製作有限公司
印 刷／祥新印刷股份有限公司
初版一刷／2014年6月

ＩＳＢＮ／978-986-6151-64-4
定 價／260元

SHIGOTO GA DEKITE, AISARERU HITO NO HANASHIKATA

Illustrations by Minoru SAITO
First published in Japan in 2011 by PHP Institute, Inc.
Traditional Chinese translation rights arranged with PHP Institute, Inc.
through Japan Foreign-Rights Centre/ Bardon-Chinese Media Agency

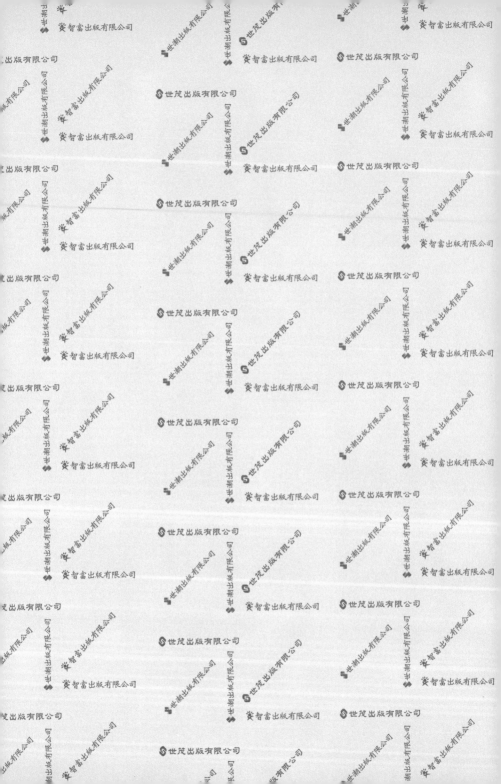